Das Geheimnis der Zugvögel

JACQUES PERRIN PRÄSENTIERT

Das Geheimnis der Zugvögel

GESCHICHTEN VON DEN NOMADEN DER LÜFTE

TEXT von STEPHANE DURAND und GUILLAUME POYET

GERSTENBERG VERLAG

Inhalt

Vor mehr als 20 000 Jahren, als die Menschen der Urzeit noch wilde Stiere an die Höhlenwände malten, war Europa von riesigen Gletschern bedeckt, und es war dort so kalt wie heute in Sibirien. Auf der Suche nach Nahrung unternahmen unsere Vorfahren Treibjagden auf Rentiere, behaarte Nashörner und Mammuts, die damals in der Tundra lebten. Die Eiswüste drängte Pflanzen und Tiere weit in den Süden des Kontinents ab, an die Küsten des Mittelmeers und in manchen Fällen sogar bis nach Afrika.

Im Lauf der Jahrtausende wurde das Klima wieder milder. Die Gletscher zogen sich in die Gebirgsregionen und den Norden Europas zurück und gaben Geröllfelder frei, auf denen schon bald Moose und Flechten wuchsen. Diese anspruchslosen Pflanzen bildeten die Vorhut der ersten Gräser und Bäume. Und auf den Bäumen ließen sich schließlich Vögel nieder, die aus dem milderen Süden gekommen waren.

Auf der Suche nach neuen Nahrungsquellen wagten sie sich immer weiter nach Norden. Doch da sie an ein wärmeres Klima gewohnt waren, sahen sie sich nun einem bislang unbekannten Problem ausgesetzt: dem Winter.

Jedes Jahr aufs Neue wurde es mehrere Monate lang ziemlich kalt in Europa. Viele Pflanzen vertrockneten, die Insekten verschwanden, nachdem sie den Sommer über Blütenstaub gesammelt hatten, Schnee bedeckte ganze Landstriche. Um in der Kälte nicht einzugehen, mussten die Vögel in die ursprüngliche Heimat zurückkehren, in der sie während des europäischen Winters gut leben konnten. Sobald es im Frühjahr wieder wärmer wurde, gingen sie erneut auf die Reise: Im Frühling hinauf in den Norden, im Herbst zurück in den Süden. So sind die auch heute noch existierenden Routen der Zugvögel entstanden.

Als sich das Ende der Eiszeit abzeichnete, waren die für die Vögel zugänglichen Gebiete noch nicht allzu weit von den Gegenden entfernt, in denen die Tiere überwinterten. Sie brauchten nicht lange, um die Flugstrecken zurückzulegen. Mit der Zeit siedelten sich die Vögel aber in immer entfernteren Regionen an und die Distanzen wurden größer. Heute pendeln einige Vogelarten Tausende von Kilometern zwischen dem Überwinterungsquartier und dem Brutgebiet im Sommer.

Nicht alle Vogelarten sind Zugvögel. Manchen ist es tatsächlich gelungen, sich an die harten klimatischen Bedingungen der kalten Jahreszeit anzupassen und sich neue Nahrungsquellen zu erschließen. Dazu zählen Knospen, Samenkörner und Früchte, die an den Bäumen zurückgeblieben oder zu Boden gefallen sind, sowie Insekten, die sich tief in den Rinden und Stämmen der Bäume oder in den Ritzen von Steinmauern verstecken.

Die sesshaften Tiere bilden jedoch nur eine Minderheit. Wenn sich der Herbst ankündigt, spüren die meisten Vögel in den gemäßigten und kühlen Klimaten Europas, dass die kalte Jahreszeit naht. Sie legen Fettreserven als Brennstoff für die lange Reise an und verdoppeln mitunter sogar ihr Gewicht, denn sie wissen nie, wann sie auf ihrer Tour wieder etwas zu fressen finden werden.

Auch in Asien und Nordamerika gab es Eiszeiten. Zunächst drangen die Gletscher nach Süden vor und schmolzen schließlich wieder. Und auch dort folgen seitdem Milliarden Vögel ihren Zugrouten. Sturm, Regen, Nebel, Sandstürme, die unendliche Weite der Ozeane, hohe Gebirge, die sengende Hitze der Wüste oder die schneidende Kälte riesiger Eiswüsten, Hochspannungsleitungen, Jäger, Ölpest, Luftverschmutzung und andere Umwelteinflüsse – die Launen der Natur oder Zivilisation fordern ihre Opfer und können den Bestand von kleinen Vögeln, wie etwa der Schwalbe, in nur einem Jahr um die Hälfte reduzieren.

Ganz egal, ob sie einzeln oder in Gruppen fliegen, bei Tag oder Nacht, ob sie die Strecke instinktiv kennen oder von ihren Eltern lernen, alle Zugvögel besitzen einen hervorragenden Orientierungssinn. Selbst wenn sie riesige Distanzen zurücklegen, finden sie ihren Bestimmungsort so zielsicher, dass sie fast auf den Meter genau dort landen, wo sie bereits im Jahr zuvor überwintert oder genistet haben. Sie verdanken diese Fähigkeit detaillierten Landkarten, die in ihrem Kopf gespeichert sind. Diese Karten sind dreidimensional, enthalten Sonnen- und Sternenkoordinaten und geben den Tieren Auskunft über die Lage von Bergen und Tälern, die vorherrschenden Winde, Magnetfelder und sogar über Gerüche, die ihnen auf dem Flug begegnen, sofern es sich um Vögel mit Geruchssinn handelt.

Jede der folgenden Geschichten beweist die unglaubliche Anpassungsfähigkeit der Vögel an die unterschiedlichsten Gegebenheiten: Der eine fliegt vom Nordpol bis zum Südpol, der andere überquert die höchsten Gebirge und ein dritter fliegt nicht mehr, sondern schwimmt wie ein Fisch.

Für alle Schwierigkeiten, denen sie unterwegs begegnen, haben die Vögel Lösungen gefunden. Wir Menschen, die wir uns als Herren der Welt fühlen, können in der Tat noch viel von ihnen lernen.

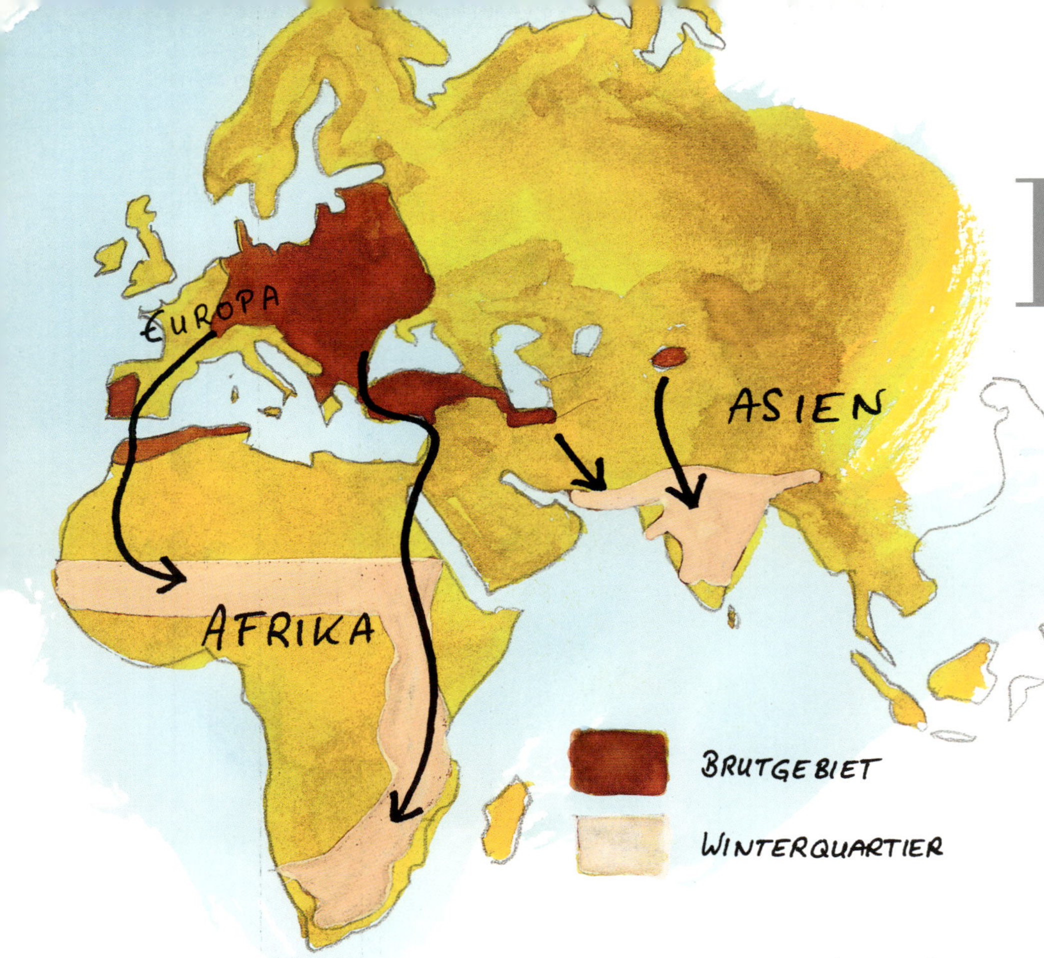

Ritter der Lüfte

Der Weißstorch

Konstantinopel, im Jahr 1204: Der Krieg wütet in der Stadt, Kreuzritter belagern die Zitadelle und kämpfen gegen die Byzantiner. Schwerter klirren, Pfeile hageln vom Himmel, das Blutbad ist schrecklich. Pferde rennen mit vor Schreck geweiteten Augen durch die aufgebrachte Masse. Die Stadt, die heute Istanbul heißt, bietet in diesen Tagen einen traurigen Anblick. In der Geschichte der Menschheit hatte sie immer eine strategisch wichtige Bedeutung, als einzige Stadt, die zwei Kontinente miteinander verbindet: Europa und Asien. Am Ende des Kriegstages taucht die untergehende Sonne alles in sanftes, rotes Licht und bedeckt die Ritter, die für ihren Glauben gestorben sind, wie mit einem rot schimmernden Leichentuch. In diesem Augenblick tauchen weiße Punkte am Abendhimmel auf und landen am fernen Horizont. Die Nacht senkt sich herab. Sie lindert die Leiden und lässt die Klagen verstummen – die Zeit nimmt ihren Lauf …

Istanbul, Anfang September 2001: Über den Moscheen der Stadt geht die Sonne auf, ein riesiger Feuerball, der Augenblicke lang an den Spitzen der Minarette zu hängen scheint, während der Muezzin zum Gebet ruft: »Allah ist groß!« Schon bald bringen die gleißenden Strahlen die bunten Mosaike zum Leuchten. Doch was ist das? Wer zieht dort am Himmel schweigend seine Kreise? Die gleichen weißen Punkte, wie schon Jahrhunderte zuvor. Unter den Touristen auf einem Platz mitten in der Stadt bricht Begeisterung aus. Aufgeregtes Gemurmel überall, und jeder versucht, eines der Fernrohre zu ergattern, um das Schauspiel aus der Nähe zu betrachten. Ein alter Mann mit langem Bart sitzt still auf einer Bank und beobachtet vergnügt das Treiben. Deutsche, Franzosen, Engländer, Spanier, Amerikaner, Japaner und Afrikaner schauen staunend zum Himmel, wo sich die weißen Vögel tummeln. Kinder fragen, was das denn sei, und bekommen erzählt: »Seht her, das sind die Weißstörche! Zu Tausenden ziehen sie über diese Stadt, und dabei haben sie schon eine so weite Reise hinter sich. Einige kommen aus Deutschland, andere aus Polen oder Ungarn. Es gibt sogar eine Legende, die erzählt, dass die Störche im Frühjahr Babys in den Kaminen absetzen, wenn sie von ihrem Ausflug zurückkehren. Doch diese Vögel haben ihre Reise noch lange nicht beendet! Sie fliegen weiter bis zu den Elefanten und Giraffen, hinein ins tiefste Afrika!«

Im Halbschatten lächelt der alte Mann. Er weiß von seinen Vorfahren, dass Störche nicht einfach nur Zugvögel sind. Nein! Die großen Vögel waren 1204 in Konstantino-

Größe: 1,10 m
Gewicht: 2,3–4,4 kg
Flügelspannweite: 1,75–1,95 m
Flugtempo: 35–50 km/h

- Während der Paarungszeit begrüßen sich die Störche mit Schnabelklappern und Zischlauten.
- Ihre Nester können mehrere hundert Kilogramm und sogar bis zu einer Tonne wiegen, denn die Störche flicken sie jedes Jahr aufs Neue mit Ästen, Zweigen, Reisig und Ähnlichem.
- Um sich in die Lüfte zu erheben und zu fliegen, nutzen die Gleitflieger unter den Vögeln, und so auch der Storch, die Aufwinde (unsichtbare warme Luftsäulen), die aufgrund der Erwärmung des Bodens durch die Sonne oder an Berghängen entstehen. Wenn die Vögel ohne Flügelschlag dahingleiten, sparen sie bis zu 90 % ihrer Kraft. Diese günstigen Flugbedingungen herrschen allerdings nur über dem Land und nicht über dem Meer.
- Der älteste den Menschen bekannte Storch wurde 33 Jahre alt.

pel gelandet, um sich anschließend mit den Seelen der toten Kreuzritter in die Lüfte zu erheben. Sie sind die Ritter der Lüfte! Das Rot ihres Schnabels und ihrer Beine symbolisiert das vergossene Blut. Das Weiß ihres Gefieders steht als Sinnbild für die Botschaft, die sie entlang ihrer Zugrouten überbringen wollen – die einfache, aber umso wichtigere Botschaft des Friedens! Der alte Mann weiß, dass die Störche, anders als andere Zugvögel, nicht den kürzesten Weg über das Meer nehmen, sondern die Kontinente überqueren, um sich möglichst vielen Menschen zu zeigen und in jedem von ihnen das Gefühl für Großherzigkeit zu wecken. Der alte Mann weiß auch, dass die Vögel auf ihrem Kreuzzug für den Frieden bis nach Afrika ziehen und dabei eine für alle Menschen mythische Stadt überfliegen: Jerusalem, Kultstätte des Koran und der Bibel, ein Ort blutiger Kämpfe – in vergangenen Tagen und bis heute.
Wenn die Störche schließlich die afrikanische Savanne erreichen und dort gerade eine Heuschreckenplage wütet, kämpfen die Ritter der Lüfte Seite an Seite mit den Menschen gegen Milliarden von Insekten, die jegliche Vegetation vernichten: Der Schnabel als Schwert pickt die Schädlinge auf.

»Ritter der Lüfte, ihr erhebt euch über Grenzen und Kriege, sogar über Religionen. Wenn eure weiße Silhouette am Himmel erscheint, so reicht das aus, um unsere Herzen zu öffnen!«

Guacamayos

Die Araraunas

Seid ihr schon einmal mit den ersten Sonnenstrahlen aufgestanden? Und habt ihr diese unglaubliche Ruhe gespürt? Die Morgendämmerung ist ein magischer Augenblick, wo alles noch friedlich ist und die Welt erst langsam erwacht. All unsere Probleme, die der beginnende Tag vielleicht mit sich bringt, sind noch unwichtig, wenn wir die Schönheit der Natur betrachten. Eulen und Fledermäuse verabschieden sich nun vom Nachthimmel und machen Platz für die Geschöpfe des Lichts.

Und dennoch ... Es gibt eine Gegend weit jenseits des Atlantischen Ozeans, inmitten des undurchdringlichen Regenwalds am Amazonas, wo die Morgendämmerung erfüllt ist von Schreien und Tränen – die, so sagt man, von einem Fluss kommen. Amazonien, du grüne Göttin! Manch einer fürchtet dich, doch viele verehren dich! Du bist ein unendlicher Wald, und der Jaguar ist dein König! Leise schleicht er an seine Beute heran, die ihr Schicksal noch nicht ahnt. War da ein Geräusch? Ein Schaudern durchläuft den Körper des wehrlosen Tieres, als spürte es sich von Blicken durchbohrt. Reglos schaut es um sich, versucht die kleinste Bewegung im Unterholz zu erfassen. Stille breitet sich aus. Nichts geschieht, die Unruhe legt sich, das Tier senkt den Kopf und beginnt zu weiden. Es ist ruhig ... sehr ruhig. Plötzlich schnellt das Raubtier hervor. Ein Schatten fällt auf das Tier, ein Schrei des Schreckens verliert sich in der dichten Vegetation. In den Baumkronen erheben sich zwei blaue Silhouetten in die Luft.

Langsam färbt ein Lichtstreif den Horizont, die Feuchtigkeit der Nacht steigt in Nebelschwaden empor und bleibt in den Wipfeln der Baumriesen hängen. Der Urwald erwacht. Ein Flusslauf windet sich schlangengleich durch das Grün. Kaum steht die Sonne am Himmel, ertönen Schreie vom Wasser herüber. Kein Zweifel, hier ist es also, wo der Fluss jeden Tag aufs neue zu schreien beginnt. Es ist eines der großen Geheimnisse, das nur die Indios, die Ureinwohner dieses Dschungels, verstehen: Das Geheimnis der Guacamayos! So werden die blau-gelben Araraunas in der Indiosprache genannt. Übersetzt bedeutet ihr Name »die Schreie des Flusses«. Guacamayos sind wunderschöne Vögel mit einem

Größe: 85 cm
Gewicht: 850–950 g
Flügelspannweite: 72–78 cm
Flugtempo: 35–70 km/h

- Der Ararauna benutzt seinen gekrümmten Schnabel beim Klettern wie einen dritten Fuß. Krallen und Schnabel helfen ihm außerdem bei der Nahrungssuche: Er kann eine Frucht in den Krallen eines Fußes halten und sie dann mit seinem Schnabel sorgfältig aufbrechen, um an das Fruchtfleisch und die Samenkörner im Inneren zu gelangen.
- Araraunas schließen sich zu Gruppen zusammen und treffen sich auf bestimmten Felsen, die die Flüsse säumen. Dort fressen sie die nährstoffreiche, tonhaltige Erde. Diese kleidet ihren Magen aus und schützt sie so vor der Säure oder dem Gift, das in manchen Früchten enthalten ist.
- Zum Nestbau suchen sich die Araraunas eine meist schon abgestorbene Palme und höhlen mit dem Schnabel ein 1 bis 2 m tiefes Loch aus.
- Ein Ararauna kann bis zu 80 Jahre alt werden.

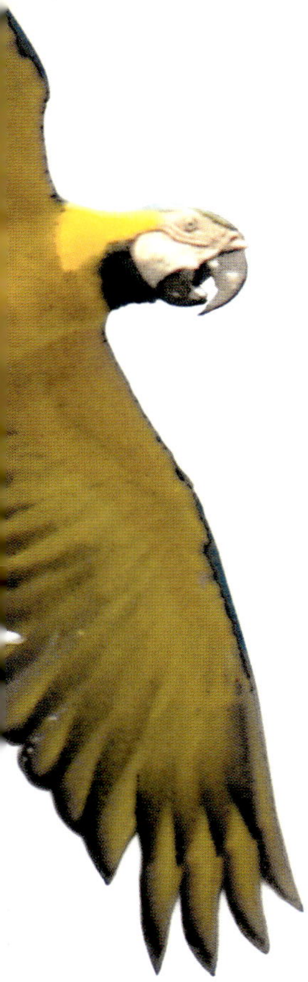

kräftigen Schnabel. In ihrem Gefieder spiegelt sich das Blau des Himmels und das leuchtende Gelb der Sonne wider.
Die Vögel haben eine besondere Gabe: Sie können jeden Ton, den sie hören, imitieren. Von den höchsten Baumwipfel aus beobachten sie ihre Umgebung und nehmen alle Geräusche wahr, die vom Boden heraufdringen. Das sind die neuesten Nachrichten des Tages, die die Vögel durch Laute und Gestik auch den anderen Bewohnern des Urwalds übermitteln.
In der Morgendämmerung versammeln sie sich in großen Scharen in den Baumkronen am Ufer des Flusses, um die Nachrichten auszutauschen. Leider sind diese seit langem sehr traurig. Beim täglichen Treffen am Fluss reden die Vögel deshalb nur noch über diese eine Sache. Die Völker des Regenwalds sind schon in Sorge, weil die Guacamayos nicht aufhören zu schreien – und zu weinen. Die Vögel warnen die Menschen vor einer großen Gefahr. Sie haben mit eigenen Augen riesige eiserne Tiere gesehen, die schwarzen Rauch ausstoßen und in wenigen Augenblicken Dutzende Bäume niederreißen, um sie zu Bündeln zu schnüren und in den nächsten Fluss zu werfen. Dort am Rand des Regenwalds bricht die Hölle los! Lodernde Flammen verschlingen den Wald, der mit dem Wüten des Feuers ein letztes Mal aufschreit und verängstigte Tiere aufscheucht. Einige von ihnen stoppt ein kalter Blitz aus zwei schwarzen Augen. Unter dem Getöse eines Donnerschlags und der Wirkung von tödlichem Blei brechen die Tiere schließlich zusammen.
Bei uns zu Hause ist es still und friedlich am Morgen, doch im fernen Regenwald am Amazonas schreien die Guacamayos aus vollem Hals die Not und Verzweiflung der grünen Göttin in die Welt hinaus ... Eines Tages vielleicht, wenn die Flammen erlöschen, werden die Schreie verstummen und ein Gesang der Hoffnung wird über den Fluss erschallen – das melodische Lied der schönen Vögel. Die Morgensonne wird mit warmen Strahlen sanft über das grüne Haupt der Göttin streichen, während sie friedlich im Morgenlicht erwacht. Und der Fluss wird aufhören zu weinen.

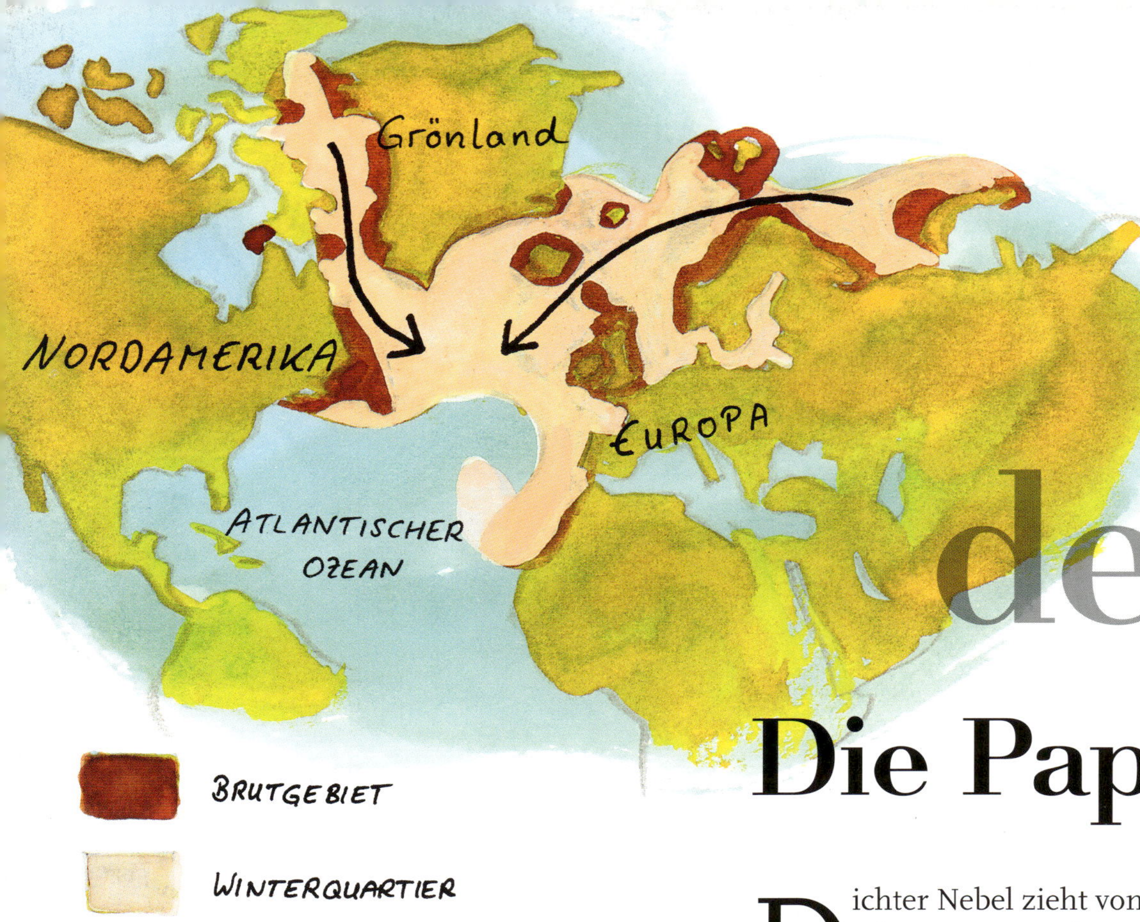

Das Volk des Njord

Die Papageitaucher

Dichter Nebel zieht von den Fjorden im Norden hinaus auf das Meer. Menschen, Tiere, Felsen, Pflanzen – sie alle sind nur noch gespenstische Schatten im fahlen Tageslicht. Plötzlich taucht phantomgleich die Silhouette einer aufgerichteten Schlange auf. Scheinbar geräuschlos durchpflügt sie das Meer aus Wolken. Doch da! Tiefe Stimmen klingen herüber … direkt aus dem Bauch der riesigen Schlange? Nein, das Phantom ist gar keine Schlange, sondern das Boot der Wikinger, die dort auf ihrem reich mit Schnitzereien verzierten Drakkar durch den Nebel segeln.

Der Kapitän und Häuptling der Wikinger bemüht sich, das Grau mit seinen Augen zu durchdringen, sucht nach dem kleinsten Anzeichen von Gefahr, lauscht nach dem leisesten Ruf aus dem Jenseits. »Ist etwa Njord, der Gott der Meereswinde, diesmal nicht mit uns?«, fragt er besorgt. »Ist das nicht ein Zeichen, dass wir umkehren sollten?« Die Entscheidung fällt nicht leicht. Die Wikinger haben keine Angst vor einer Schlacht. Ganz im Gegenteil: Sie sind als furchtlose Krieger bekannt, und wenn sie im tapferen Kampf sterben, werden sie in Walhalla, dem Reich der Götter, aufgenommen! Aber hier im Nebel ist kein Kampf in Sicht! Der Feind hat keine Gestalt. Keine Klinge, und sei sie noch so scharf, würde ihn zerschneiden. Hat Njord sie tatsächlich verlassen? Ausgeliefert an die Dämonen einer unbekannten Welt?

Einige Wochen sind sie schon unterwegs. Die Mannschaft friert und ist von Müdigkeit gezeichnet. Doch der Kapitän gibt den Zweifeln, die auch ihn erfassen, nicht nach. Aufrecht wie die Galionsfigur am Bug steht er an der Reling, lauscht, beobachtet, wartet – geduldig.

Eins, zwei … nein, zehn kleine schwarz-weiße Kreaturen schießen plötzlich aus dem Meer empor und fliegen im Nebel davon. Weitere Wesen tauchen auf und schwingen sich in die Lüfte. In ihren roten Schnäbeln halten sie jede Menge kleiner Fische. Ein Vogel, der schwimmen kann wie ein Fisch und gleichzeitig fliegt? Das grenzt an Zauberei! Vielleicht schickt der Gott der Meereswinde sein Volk, um den Neuankömmlingen den Weg zu zeigen? Sofort befiehlt der Kapitän, den Drakkar in die Richtung zu steuern, in der die seltsamen Vögel verschwunden sind. Das Schiff begegnet immer mehr dieser Wesen, die erst unter Wasser schwimmen und dann davonfliegen. Je weiter die Wikinger segeln, desto stärker lichtet sich der Nebel. Mut und Hoffnung beflügeln die Mannschaft.

»Land in Sicht!«, ruft plötzlich eine Stimme von der anderen Seite des Schiffes. Vor ihnen erheben sich die ersten Ausläufer einer unbekannten Insel. Die Vögel mit den kurzen Flügeln sind schon da, kauern sich in grasbewachsene Nischen an den Steilwänden. Jeder Vogel hat sein eigenes Loch in die Erde der senkrechten Klippen gegraben, das ihm als Wohnhöhle dient. Dorthin bringt er seine Beute, die vielen Fische im Schnabel. Der Häuptling der Wikinger lächelt. Und er dankt dem Volk des Gottes Njord, das ihm den Weg gewiesen hat. Hier an diesem friedvollen Ort ist es nicht notwendig, die Waffen zu ziehen. Es ist ein völlig unberührtes Land.

Wir schreiben das Jahr 874, Ingolfur Arnarson und seine Mannschaft haben gerade Island entdeckt. Diese Begebenheit, bei der das Volk des Njord den Wikingern zu Hilfe kam, steht nicht in den Büchern geschrieben. Die Vögel leben auch heute noch auf der Insel. Es sind Papageitaucher, die wie damals von ihrem Ausguck auf den Felsen über den unendlichen Ozean blicken und mit ihren Augen den Schiffen folgen. Heutzutage sind diese Schiffe jedoch aus Metall, stinken nach Öl und können aufgrund modernster Technik fast bei jedem Wetter auslaufen. In der Überlieferung heißt es, der letzte Wunsch des Häuptlings der Wikinger war, zwischen den Papageitauchern begraben zu werden, denn sie waren die Einzigen, die ihn je ohne Waffen empfangen haben ...

Größe: 30 cm
Gewicht: 460 g
Flügelspannweite: 47–63 cm
Flugtempo: 60–80 km/h

- Papageitaucher nisten auf grasbewachsenen Steilhängen. In einer Kolonie leben manchmal Hunderttausende Vögel zusammen. Ihr Nest liegt in einer 1 bis 2 m tiefen Höhle, die sie mit dem Schnabel und den Krallen graben. Sie legen ein einziges Ei. Das Küken verlässt das Nest nach 40 Tagen. Anfangs fliegt der Jungvogel meist bei Nacht, um nicht von Feinden, wie etwa dem Falken oder der Raubmöwe, erwischt zu werden.
- Im Flug bewegt dieser Vogel seine Flügel extrem schnell, er schafft zwischen 300 und 400 Flügelschlägen pro Minute.
- Auf der Zunge des Papageitauchers sitzen viele kleine, nach hinten gerichtete Dornen, die es dem Vogel ermöglichen, mehrere Fische quer im Schnabel zu halten. Nur zur Paarungszeit im Frühling ist der Schnabel auffällig bunt gefärbt, im Winter dagegen ist er unscheinbar grau.
- Der Papageitaucher wird auch manchmal als Clown der Meere oder Meerespapagei bezeichnet.

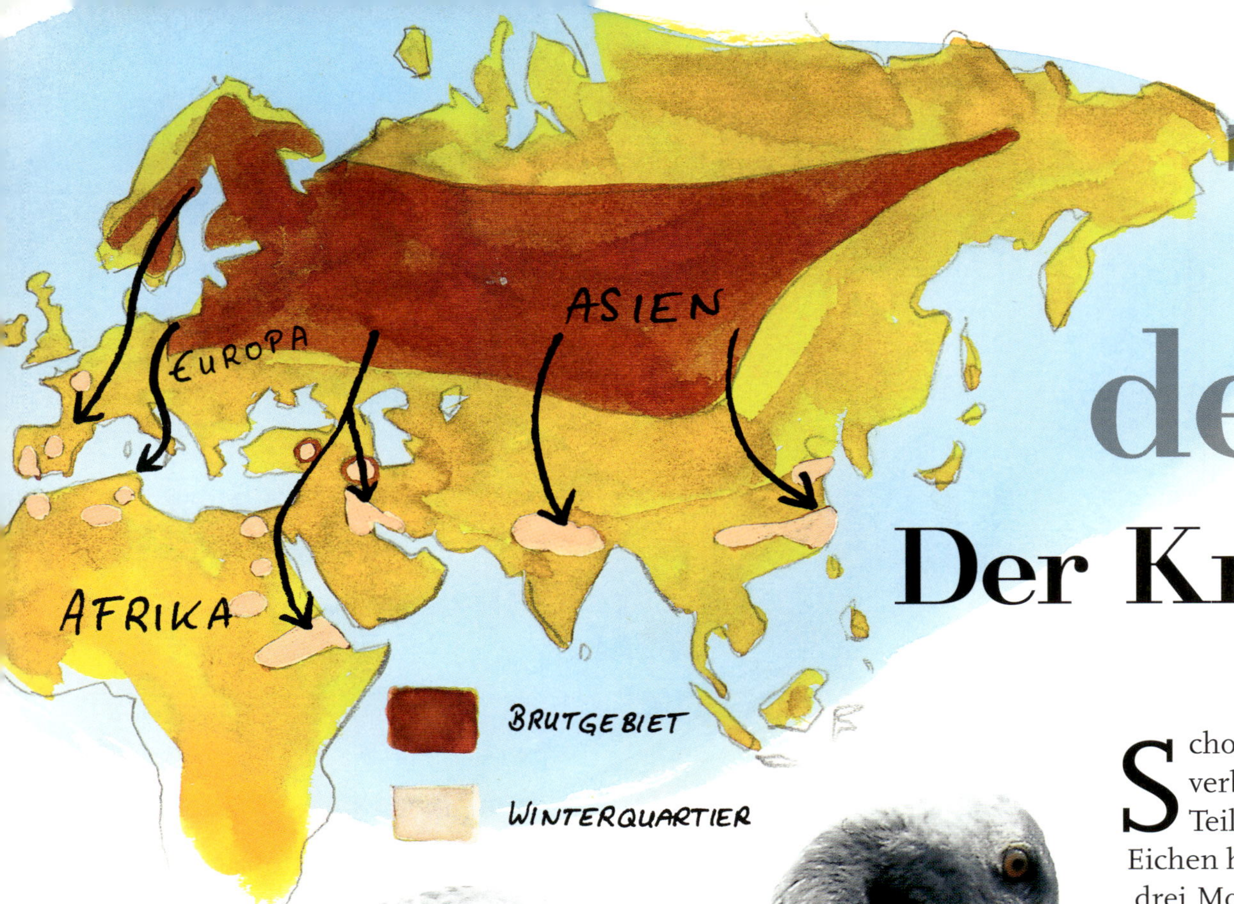

Tänzer der Taiga

Der Kranich

Schon der Großvater meines Großvaters verbrachte den Winter in diesem abgelegenen Teil Spaniens. Die Savannen mit den riesigen Eichen haben große Ähnlichkeit mit Afrika. Seit drei Monaten sind wir schon hier und picken unter der warmen Sonne die Eicheln auf. Nachts schlafen wir gut versteckt im Schilf, die Füße im kühlen, erfrischenden Wasser. Und das Beste ist: Seit einigen Tagen fühlen wir die Ankunft des Frühlings. Die Luft ist warm, die Tage werden allmählich länger. Die ersten Störche treffen aus Afrika ein. Sie säubern ihre alten Nester und klappern laut mit den Schnäbeln. Die Trappen versammeln sich in den Feldern und bereiten aufgeregt ihre Hochzeit vor. Das ist ein klares Zeichen. Bald brechen auch wir in Richtung Norden auf. Wir werden immer unruhiger. Führen Wettbewerbe auf, wer am höchsten springt und am schnellsten rennt. Drehen uns im Kreis und tanzen laut schreiend. Mit »wir« meine ich natürlich die Erwachsenen. Die gebärden sich am wildesten. Ich selbst bin mit meinen zwei Jahren noch ziemlich jung! Mein Kopf ist noch nicht so schön schwarzweiß wie der meiner Eltern, und auch der hübsche rote Fleck über den Augen fehlt mir.

Heute morgen ist eine Gruppe von Kranichen eingetroffen, die aus dem Süden kamen. Sie erzählten sogar, dass sie den Winter in Marokko verbracht haben. Ihre Ankunft löst fröhliches Lärmen aus – und gibt schließlich das Signal zum Abflug: Einer nach dem anderen erheben wir uns in die Lüfte, um am Himmel mehrere große ›V‹ zu bilden oder uns in einer Kette hintereinander zu reihen. Wir sind aufgebrochen, um nun die ersten 1000 Kilometer unserer langen Reise in einem Stück zu fliegen!

Während des Fluges nimmt jeder von uns eine Weile lang den Platz an der Spitze der Gruppe ein, gibt den Rhythmus vor und macht den anderen als Anführer Mut. Aber dort vorn ist das Fliegen am anstrengendsten!

Meine erste Reise habe ich zusammen mit meinen Eltern gemacht, die die Flugroute genau kennen. Das war im vorletzten Herbst. Damals bin ich das erste Mal über ganz Europa bis nach Spanien geflogen.

Heute ziehe ich zum dritten Mal ohne meine Eltern Richtung Norden, denn ich fliege inzwischen lieber mit den gleichaltrigen Kranichen. Es ist übrigens auch unsere Aufgabe, die jüngeren Tiere zu begleiten, die ihre Eltern gerade erst verlassen haben.
Es bereitet mir keine Mühe, die weiten Wälder in meinem Geburtsland Schweden wieder zu finden. Jedes Gebirge, jedes Tal, jeden Fluss auf unserer 3000 Kilometer langen Reise werde ich wieder erkennen. Ich habe gelernt, mich am Stand der Sonne zu orientieren, und kenne die Sternenkarte auswendig. Nur vor schlechtem Wetter habe ich Angst. Es ist schrecklich, wenn plötzlich ein dicker Wolkenteppich die Sonne und die Sterne verdeckt, starker Gegenwind uns am Vorwärtskommen hindert und wir dann tage- oder wochenlang am Boden bleiben müssen. Am schlimmsten ist es, wenn uns das schlechte Wetter während des Fluges überrascht. Dann fühlen wir uns, als hätte uns jemand ganz plötzlich die Augen verbunden, und hoffen nur noch auf unsere Schutzengel ...
Deshalb fliegen wir bei gutem Wetter so schnell und so weit wie möglich. Wir könnten die Reise in wenigen Tagen hinter uns bringen, doch wir machen drei oder vier längere Pausen, um auszuruhen und etwas zu fressen. Wenn alles gut läuft, erreichen wir Schweden einen Monat, nachdem wir Spanien verlassen haben.
Skandinavien ist so schön! Ich liebe es, mich in den Sümpfen und den Torfmooren zu tummeln. Das Wollgras wogt sanft im Wind und der Sonnentau, eine Fleisch fressende Pflanze, lockt Insekten in seine klebrigen Blüten. Soweit das Auge reicht, erstreckt sich die Taiga. Von den unzähligen Bäumen hängen lange Bärte aus grauen Flechten herab. Riesige Granitblöcke und morsche Baumstümpfe sind mit dicken Moosteppichen bedeckt. Man sagt, dort sei die Heimat der Kobolde und Trolle. In diese Einsamkeit verziehen auch wir uns mit unserem Partner oder unserer Partnerin, wenn die Paarungszeit gekommen ist. Ich bin dafür allerdings noch zu jung. Aber vielleicht gründe ich ja schon im nächsten Jahr meine eigene kleine Familie.«

Kranichpärchen bleiben lebenslang zusammen. Während der Brutzeit ziehen sie sich zurück. Das Weibchen legt zwei Eier, die etwa 30 Tage lang von beiden Eltern ausgebrütet werden. Die Küken können schon kurz nach dem Schlüpfen laufen, schwimmen und sich verstecken. Jeder Elternteil kümmert sich um eines der beiden Jungen, füttert und beschützt es. Mit neun Wochen lernen die Jungtiere das Fliegen. Zu dieser Zeit wechseln die Eltern ihr gesamtes Federkleid. Zwar wachsen bald die neuen Federn, doch etwa fünf Wochen lang können sie nicht fliegen. Allerdings findet diese komplette Mauser nur alle zwei bis vier Jahre statt.

Kraniche fressen unterschiedliche Nahrung. Auf ihrem Speiseplan stehen Wurzeln, Knollen, Blätter, Früchte und Samen. Im Sommer kommen noch Insekten, Schnecken, Würmer, Frösche, Eidechsen und kleine Nager dazu.

Größe: 1,10 – 1,20 m
Gewicht: 4 – 6 kg
Flügelspannweite: 2,20 – 2,45 m
Flugtempo: 30 – 80 km/h

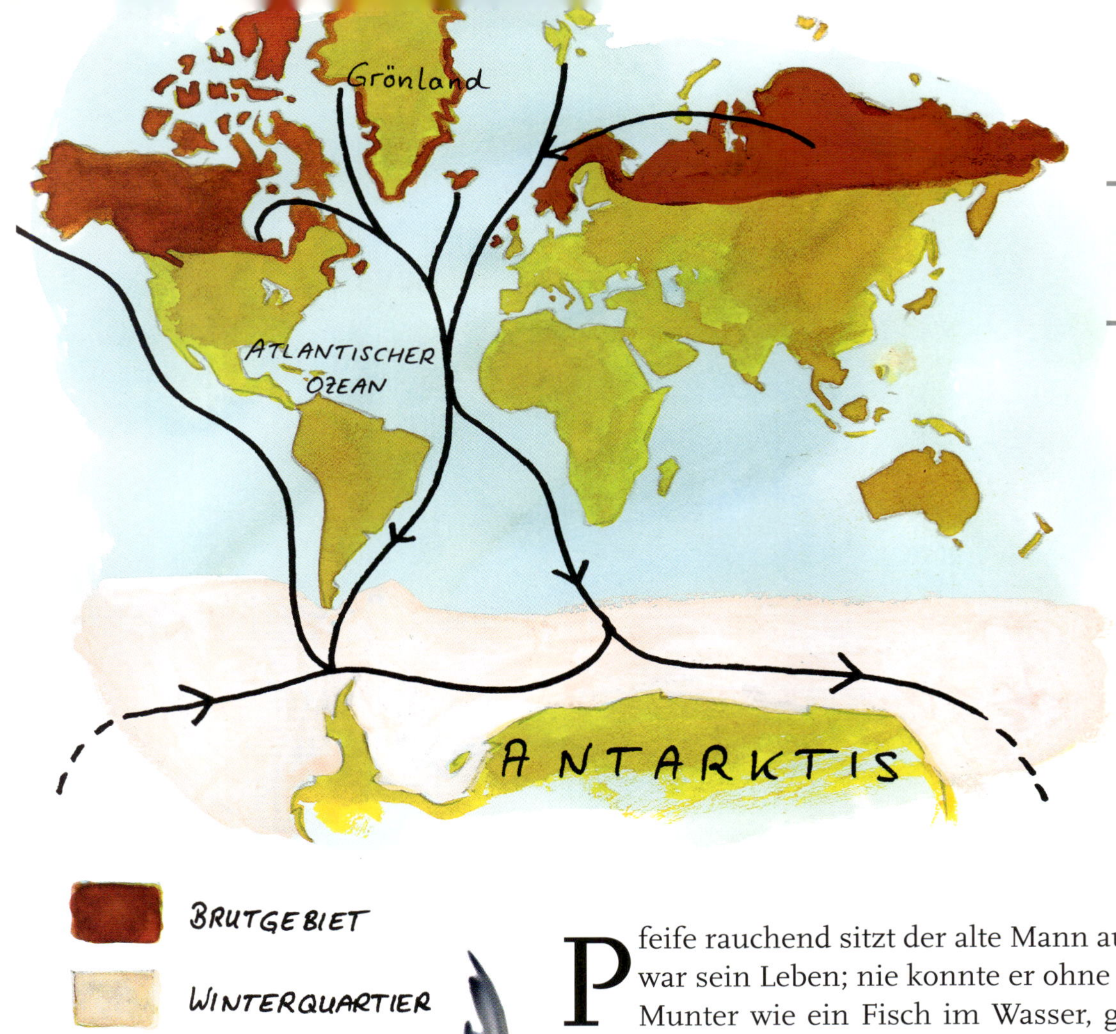

Rekordflieger

Die Küstenseeschwalbe

Pfeife rauchend sitzt der alte Mann auf einem Felsen und blickt auf das Meer. Es war sein Leben; nie konnte er ohne es sein. Wieder erfüllen ihn Erinnerungen. Munter wie ein Fisch im Wasser, gierig nach Abenteuern, ging er vor vielen, vielen Jahren als Schiffsjunge an Bord eines Kutters, um Kabeljau zu fangen. »Mögen die Wellen mich fortbringen, weit weg von meinem Dorf, bis ans Ende der Welt!« Sein Kapitän war sehr stolz auf ihn. Doch das Leben als Schiffsjunge war hart. Er musste das Deck scheuern und die Netze mit bloßen Händen aus dem Meer ziehen. Manchmal waren sie von den Flossen der Fische zerrissen oder vom Salz zerfressen. Es blieb nicht viel Zeit zum Träumen, aber das Meer entlohnte ihn stets für die Mühen seiner täglichen Arbeit. Einmal nach einem heftigen Sturm gab der Kapitän den Befehl, die Anker zu werfen, um die Schäden zu reparieren. Der Kutter lag in einem Fjord hoch oben im Norden. Eines Tages konnte der Schiffsjunge in einer Lagune mit Eisbergen ein Schauspiel beobachten. Eine Vogelkolonie hatte sich am Ufer angesiedelt. Die weißen Vögel mit den schlanken Flügeln konnten sich selbst bei starkem Wind problemlos in der Luft halten. Der breit gefächerte Schwanz mit den langen Federn ließ sie wie zu groß geratene Schwalben aussehen. Ihre Küken waren bereits geschlüpft, als der Schiffsjunge sie entdeckte. Er hatte den Eindruck, dass es wohl auch zwischen Tieren so etwas wie Liebe gibt. Er sah, wie die Eltern ihre Jungen fütterten und wie manchmal der Vater seiner Gefährtin, wie zum Beweis seiner Liebe, einen Fisch überreichte, den diese mit Genuss verschlang.

Plötzlich bemerkte der Schiffsjunge ein Küken, das keine Eltern mehr hatte, und beschloss, es aufzuziehen. Das Küken wuchs prächtig heran und startete bald die ersten Flugversuche. Schließlich gelang der jungen Seeschwalbe sogar der erste Beutezug. Anfangs tat sie sich noch etwas schwer mit dem Fischfang. Dann setzte sie sich, gemeinsam mit den anderen Jungvögeln, auf die Spitze eines Eisbergs, um sich auszuruhen. Sie hatte ihr wahres Element gefunden: Das Meer! Der Schiffsjunge lächelte und war sehr glücklich.

Immer wenn er am Rand der Lagune auftauchte, kam der Vogel angeflogen. Daher entschloss er sich, seinem Schützling zur Erinnerung an die gemeinsame Zeit einen Messingring anzulegen. So würden sie – beide Wesen des Meeres – immer miteinander verbunden bleiben.

Größe: 38 cm
Gewicht: 100 g
Flügelspannweite: 75–85 cm
Flugtempo: 40 km/h

- Die Küstenseeschwalbe beweist, was ein Zugvogel leisten kann, denn sie fliegt innerhalb eines Jahres bis zu 20 000 km weit: vom Nordpol, wo die Paarung und die Aufzucht der Jungen stattfindet, bis zum Südpol, wo sie überwintert und reiche Fischgründe findet. Damit ist die Seeschwalbe der Vogel, der in seinem Leben das meiste Tageslicht mitbekommt.
- Zur Paarungszeit fliegt das Männchen mit einem kleinen Fisch im Schnabel herum, bis es ihn schließlich dem Weibchen anbietet, das ihm folgt.
- Das Nest besteht aus einem Teppich aus getrocknetem Gras oder aus einer einfachen Vertiefung im steinigen, trockenen Untergrund. Meist legt das Weibchen zwei Eier, die Brutzeit dauert 20 bis 24 Tage. Nach dem Schlüpfen bleiben die Küken nur noch ein paar Tage im Nest. Mit drei Wochen beginnen sie zu fliegen.

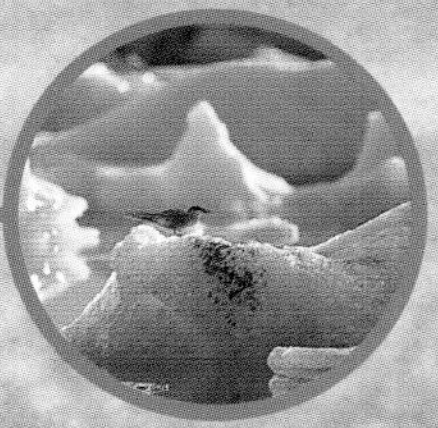

Eines Tages flogen die Vögel einen großen Kreis um die Lagune, stießen Schreie aus, die zum Aufbruch riefen, und zogen plötzlich davon, geradewegs nach Süden. Was war das nur für eine Energie, die diese zarten Geschöpfe dazu brachte, so weit zu fliegen – in die Ungewissheit? Der Schiffsjunge kannte das Fernweh nur allzu gut von sich selbst. Ein Jahr ging vorbei, dann ein zweites, und aus unserem Schiffsjungen war ein richtiger Seemann geworden, der schon viele ferne Länder bereist hatte! Inzwischen befand er sich am Südpol auf Walfang, am anderen Ende der Welt und weit entfernt vom Nordmeer. Ein schrecklicher Sturm ließ sein Schiff in den Wogen schlingern, die Wellen schlugen an Deck und brachten den Kahn beinahe zum Kentern. Als er an Deck ging, um die Taue zu kontrollieren, traute er kaum seinen Augen, als er plötzlich im Windschatten eine erschöpfte Seeschwalbe entdeckte, die sich an Bord ausruhte – eine Seeschwalbe, die seinen Messingring trug! Und tatsächlich: Auch sie erkannte ihn sofort und schmiegte sich in die Falten seines Regenmantels.

Bald zog das schlechte Wetter vorüber, und die Sonne strahlte vom Himmel. Der Vogel blieb bei unserem Seemann, bis er wieder zu Kräften gekommen war. Schließlich, als sich das Schiff dem Packeis des Südpols näherte, flog er davon. Der Seemann sah ihn nicht wieder. Vergessen aber hat er das Tier niemals. Vielleicht sind solche Begegnungen eine Mischung aus Schicksalen, die sich kreuzen, und einer Art Wunder. Und sie vergisst man eben nicht so einfach.

Der Mann saugt nachdenklich an seiner Pfeife und bläst den Rauch in die Luft. Die Seeschwalben kommen heute nicht mehr, denkt er. Aber egal. Auch morgen wird er wieder auf diesem Felsen sitzen, den Blick aufs Meer gerichtet, denn er weiß, auf die Vögel ist Verlass. Sie folgen dem Kalender der Natur. Jeden Frühling überqueren sie innerhalb weniger Tage die Landspitze, wo sein Dorf liegt, um hinauf in den Norden zu ziehen, zur Eislagune. Und jetzt, da er alt ist und nicht weiß, wie lange er noch zu leben hat, will er diese Begegnung um nichts in der Welt verpassen.

Torpedo des Meeres

Der Königspinguin

Im äußersten Süden unserer Erdkugel ist die Welt ganz anders als bei uns: rau, düster und unzugänglich. Ein paar Inseln – nicht mehr als schwarze Felsen – liegen inmitten des stürmischen Ozeans. Unaufhörlich tobt der Wind über die schäumenden Wellenkämme hinweg, die Brandung nagt an den zerklüfteten Küsten, die meist von Nebel verhüllt sind. Die Landschaft ist kalt und kahl, denn nur wenige Gräser gedeihen in dieser Ödnis.

Kaum zu glauben, dass hier trotzdem Tiere leben! Eine Schar Pinguine kommt gerade vom Fischfang zurück. Mehrere Tage lang waren sie unterwegs auf der Suche nach Beute und haben sich wie Torpedos in Schwärme von Fischen gestürzt, um etliche von ihnen zu fressen. Nun sind sie satt und watscheln gemächlich im Gänsemarsch an Land. Unbeholfen klettern sie auf eine Düne aus großen Kieseln, die die Wellen am Strand aufgeschüttet haben. Dahinter hocken bereits Zehntausende Artgenossen beinahe unbeweglich dicht beieinander. Die Heimkehrer stolpern fast über ihre eigenen Füße, so eilig haben sie es, zu den Wartenden zu gelangen. Jeder versucht laut rufend so schnell wie möglich seinen Partner zu finden. Es grenzt an ein Wunder, dass trotz des ohrenbetäubenden Lärms aus Schreien und dem Heulen des Sturms jeder Pinguin mit absoluter Sicherheit die einzigartige Stimme seines Gefährten erkennt. Hat sich ein Paar wiedergefunden, singen beide miteinander im Chor, bevor sie sich zärtlich beschnäbeln. Der Partner, der an Land geblieben war, richtet sich auf, sodass unter seiner Bauchfalte ein weißes Ei sichtbar wird. Er hat es auf seinen großen Füßen mit den Schwimmhäuten all die Zeit balanciert und lässt es nun vorsichtig auf die Füße des Gefährten rollen. Jetzt ist er an der Reihe, sich ins Meer zu stürzen, um seinen Hunger zu stillen, während sein Partner brütet und auf die Rückkehr des Gefährten wartet. So wechseln sich die Eltern immer wieder ab, erst beim Ausbrüten des Eies und dann später bei der Aufzucht des Jungen, bis der kleine Pinguin etwa ein Jahr alt und damit selbstständig genug ist, um ohne seine Eltern zurechtzukommen.

Nicht immer führten die Vögel ein so unbeschwertes Leben. Vor langer Zeit kamen Menschen, die ebenso rau waren wie das Meer, um den einzigen Reichtum dieser kargen Gegend auszubeuten: die Königspinguine. Sie verwerteten die Haut, das Fleisch, aber vor allem das Fett, aus dem Öl gewonnen wurde. Jedes Jahr kamen sie wieder, um die Tiere zu Tausenden erst zu betäuben und dann in kochendes Wasser zu tauchen. Mehr als zwei Jahrhunderte lang wiederholte sich dieses Massaker Jahr für Jahr. Doch zum Glück sind diese barbarischen Zeiten inzwischen vorbei. Die Menschen suchen die Inseln nicht mehr auf. Nur noch einige Überreste ihrer Lager zeugen von den schrecklichen Ereignissen vor vielen Jahren: ein wenig fauliges Holz, ein bisschen rostiges Eisen ... Das meiste jedoch ist in Felsspalten verschwunden oder unter angeschwemmten Kieseln begraben.

Heute sind die Pinguine wieder die unangefochtenen Herrscher über ihr abgelegenes Reich. Gemeinsam mit dem Sturm singen sie ihr Lied und lassen sich selbst von Regen und Kälte nicht aus ihrer würdevollen Ruhe bringen.

Größe: 95 cm
Gewicht: 9–15 kg
Flossenlänge: 30–35 cm
Schwimmtempo: 12 km/h

- Der Königspinguin kann, wie alle Pinguinarten, nicht fliegen. Vielmehr hat er sich perfekt an das Leben im Wasser angepasst und kann hervorragend schwimmen. Auf der Suche nach seiner Beute ist er in der Lage, mehrere hundert Meter tief und durchschnittlich bis zu 5 Minuten lang zu tauchen.
- Er frisst vor allem Fisch und Tintenfisch. Ein Beutezug dauert in der Regel mehrere Tage am Stück.
- Die Pinguine bauen keine Nester. Die Weibchen legen pro Brutsaison nur ein Ei, das sie die ersten zwei Tage bebrüten. Dann ist das Männchen für die nächsten 6 bis 21 Tage an der Reihe. In dieser Zeit frisst es nichts.
- Wenn die Küken 40 Tage alt sind, schließen sie sich in »Kindergärten« zusammen, während beide Eltern gleichzeitig fischen gehen. Bei der Rückkehr finden sie ihren Nachwuchs an dessen Stimme unter Hunderten anderer Pinguinjungen ohne Schwierigkeiten wieder.

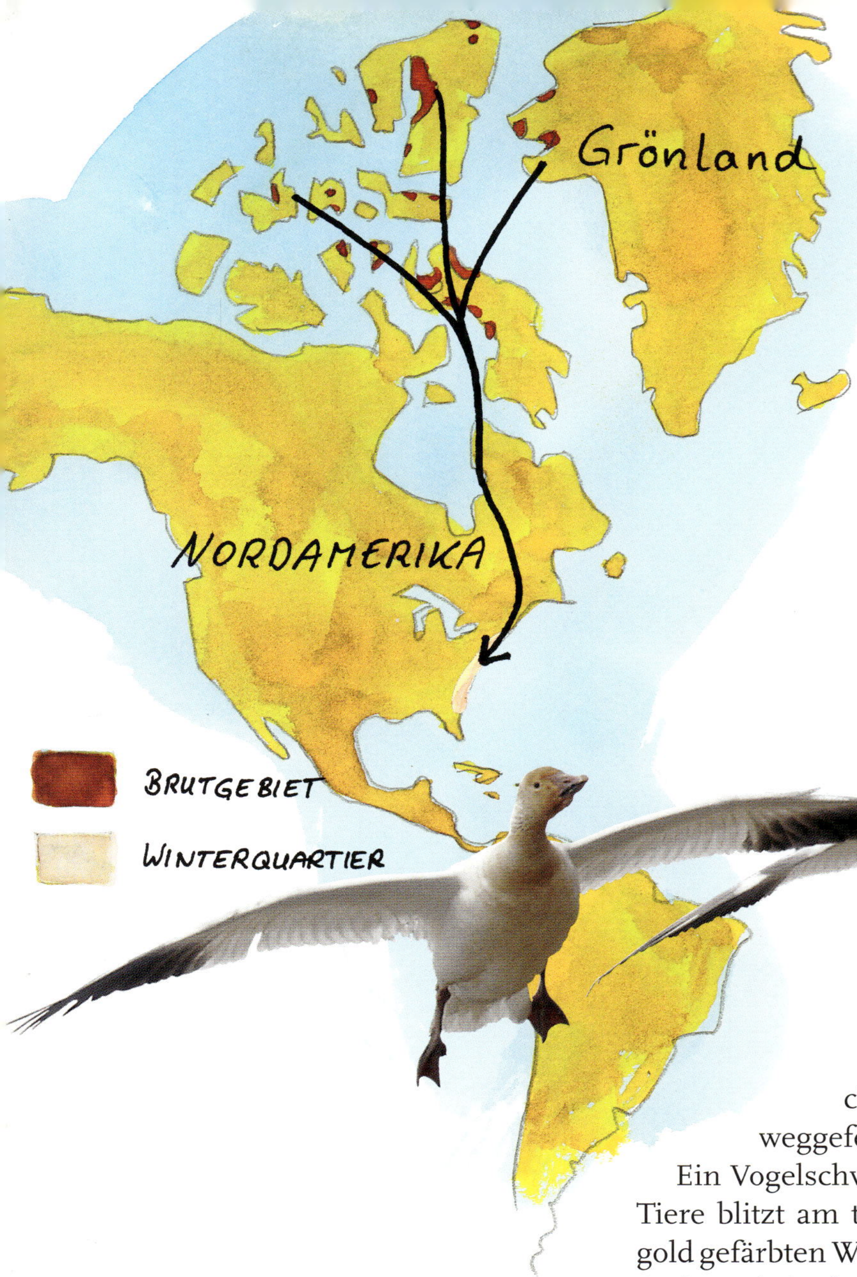

Auf nach Süden!

Die Schneegans

Der Herbst erstrahlt in herrlicher Farbenpracht. »Indianersommer« nennt man diese schöne Jahreszeit hoch im Norden Kanadas. Die leuchtend roten Blätter der Bäume gleichen einem Flammenmeer, doch schon bald werden sie hinweggefegt vom eisigen Wind des herannahenden Winters.

Ein Vogelschwarm erscheint am Horizont. Das weiße Gefieder der Tiere blitzt am tiefblauen Himmel und hebt sich deutlich vom rotgold gefärbten Wald ab. Eine Schneegansfamilie fliegt zielstrebig nach Süden. Es ist höchste Zeit, sich auf den Weg zu machen, denn der Winter lässt nicht mehr lange auf sich warten. Er kommt mit Schnee und Eis, dunklen Wolken, Hagelschauern, Blitz, Donner und Sturm. Weit oben in der arktischen Tundra, in der Nähe des Nordpols, wo die Schneegänse den Sommer verbringen und ihre Jungen aufziehen, hat der Wind ihre Nester bereits weggefegt. Schnee bedeckt schon Moose und Flechten, Flüsse und Seen sind längst zugefroren. Das Packeis breitet sich aus, es wächst unaufhörlich und vernichtet alles Leben, das es wagt, ihm die Stirn zu bieten.

Die Gänseeltern führen ihre Jungen an. Sie fliegen an der Spitze der V-Formation, die sie am Himmel bilden. Die jungen Gänse nutzen die Luftströme, die an den Flügelspitzen der Vorausfliegenden entstehen, und gleiten so leichter dahin. In ihrem Blick schimmert die Sorglosigkeit der Jugend, und die Erwachsenen müssen gut auf sie aufpassen, damit ihre Kinder während der Reise keine verhängnisvollen Fehler machen. Die kleinen Gänse staunen über all das Neue auf ihrer ersten Reise. Sie sind neugierig und prägen sich diese Orte für immer in ihr Gedächtnis ein. So schnell sie auch dahinfliegen, sie werden sich dennoch an alles erinnern, wenn sie im nächsten Jahr zurückkehren.

Die vielen kleinen Seen, die überall verstreut in diesem riesigen, rotgolden strahlenden Wald wie blinkende Diamanten liegen, spiegeln die Silhouetten der Reisenden am Himmel wider. Ganz deutlich ist ihr weißer Körper mit den schwarzen Flügelspitzen im Wasser zu erkennen. Doch das Idyll trügt. Eine Gestalt im Tarnanzug watet leise durch das Wasser. Ihre Schritte zerstören das friedliche Spiegelbild. Ein metallischer Glanz leuchtet aus den Binsen hervor. Zwei schwarze Augen nehmen die Vögel von unten ins Visier. Ein lauter Knall erschallt und eine Ladung heißen Metalls kreuzt die Flugbahn der Gänse. Die

Alttiere blicken sich stumm, panisch vor Angst an. Sie fliegen schneller und versuchen, ihre Kinder mitzuziehen. Gelingt es ihnen auch diesmal, der drohenden Gefahr zu entrinnen? Erneut durchzuckt ein Donnerschlag die Stille – der Anführer der Gänsegruppe fällt tödlich getroffen vom Himmel herab und verschwindet in der unendlichen Weite der Wälder. Die Gänsemutter hat ihren Partner verloren, den Vater ihrer Jungen, mit dem sie einen Bund fürs Leben geschlossen hatte. Doch es bleibt keine Zeit innezuhalten und zurückzublicken. Sie muss weiterfliegen und ihre Kinder so schnell wie möglich in Sicherheit bringen. Damit gehorcht sie einer der wichtigsten Regeln der Zugvögel: Schau niemals zurück, sondern immer nach vorn. Die Jungen folgen ihrer Mutter; sie schweigt. Ihr Vater wurde vor ihren Augen erschossen. Können sie das jemals vergessen?

Viele Menschen behaupten, Vögel könnten nicht weinen. Aber jeder muss für sich selbst entscheiden, ob das stimmt oder nicht. Manchmal genügt es vielleicht schon hinzuhören, was der Wind uns zuträgt, wenn die Sonne im Westen untergeht. Dann erzählt er uns, dass er es ist, der die Tränen dieser Wesen trocknet, dort oben am Himmel, wenn auf ihrer langen Reise das Schicksal wieder einmal grausam zuschlägt – oder sogar der Mensch ...

Größe: 65–80 cm
Gewicht: 2,5–3,5 kg
Flügelspannweite: 1,30–1,65 m
Flugtempo: 55–95 km/h

- Mit Ausnahme der schwarzen Flügelspitzen ist die erwachsene Schneegans rein weiß. Ihr Schnabel ist rosa und mit kleinen zahnähnlichen Spitzen ausgestattet. Damit hat es der Vogel leichter, Knollen und Wurzeln von Wasserpflanzen abzureißen, die an den sumpfigen Ufern wachsen. Das Gefieder nimmt am Kopf durch die Eisenspuren im Schlamm, in dem die Gans nach ihrem Futter sucht, manchmal eine rostbraune Farbe an.
- Im Sommer baut sie ihr Nest in der arktischen Tundra am Boden. Die Küken schlüpfen im Juli und verlassen auf der Suche nach zartem Gras schon sehr schnell ihre Kinderstube. Zu dieser Zeit sind ihre Eltern komplett in der Mauser und können drei Wochen lang nicht fliegen. Die Gänse legen weite Strecken zurück, wenn sie Futter suchen oder ein sicheres Versteck vor ihrem größten Feind, dem Polarfuchs, finden wollen.

Engel des Meeres

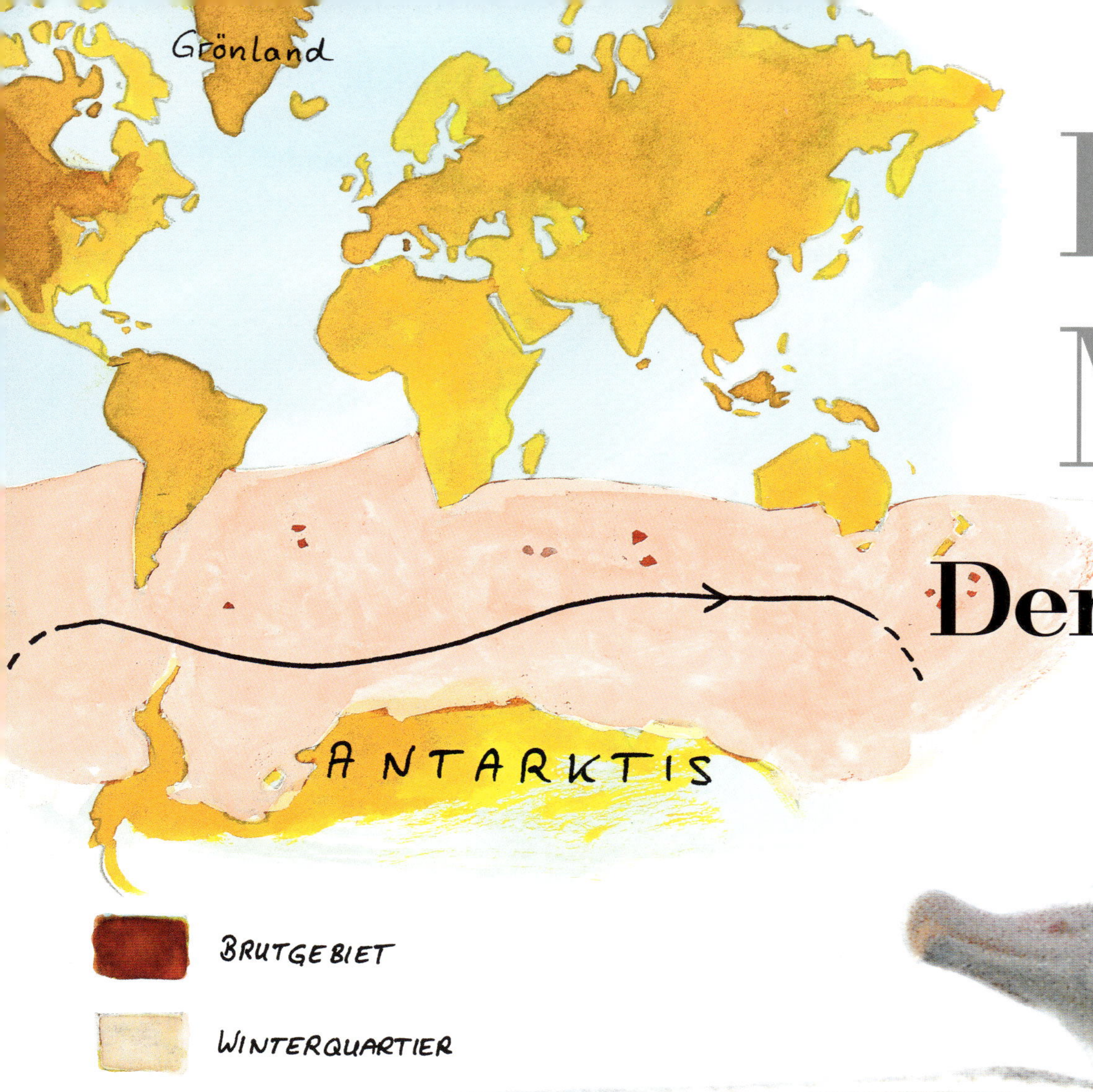

Der Wanderalbatros

Viele tausend Kilometer südlich von Europa tobt ein wildes, stürmisches Meer, in dem die Wellen sich haushoch aufbäumen und manchmal so gefährlich sind, dass sie ganze Schiffe hinabziehen in die schwarze tödliche Tiefe des Ozeans. Nur sehr wagemutige Seeleute verirren sich mit ihren Schiffen in diese grausig kalte Gegend.

Früher kamen diejenigen, die ihre abenteuerlichen Reisen dorthin überlebt hatten, mit einem Lächeln zurück. »Was hat dieses Lächeln nur zu bedeuten?«, fragten sich die Leute in ihrer Heimat, und die Seeleute antworteten: »Mitten im Sturm ist uns ein weißer Engel erschienen! Er flog direkt über den Wellenbergen und kreiste ständig um unseren armseligen Kahn. Es sah aus, als würde der starke Wind diesem seltsamen Wesen überhaupt nichts ausmachen. Das konnte nur unser Schutzengel gewesen sein!« Viele Jahre später besuchten Forscher die raue Gegend. Auch sie sahen die seltsamen Geschöpfe und lüfteten schließlich deren Geheimnisse. Der »weiße Engel« entpuppte sich als großer Vogel mit hellem Gefieder und langen, schmalen Flügeln. Die Forscher gaben ihm den Namen Wanderalbatros.

»Lange blieb ich den Menschen, die mich sahen, ein Rätsel, und ich beeindruckte sie mit meinem ruhigen Flug durch den stärksten Sturm. Ich bin das Wahrzeichen der kalten Meere im Süden unserer Erdkugel. Schon meine Größe ist beeindruckend, denn ich bin beinahe so groß wie ein Mensch und jeder meiner Flügel hat eine Spannweite von mindestens 1,50 Meter. Der Wind und das Meer sind mein Element – meine Verbündeten, nicht meine Feinde. Den Wind brauche ich, um starten und fliegen zu können, denn schließlich bin ich für einen Vogel ganz schön schwer.

- Der Wanderalbatros ist einer der größten Vögel der Welt.
- Dank einer besonderen Drüse auf dem Schnabel kann er das überschüssige Salz ausscheiden, das er mit seiner Nahrung aufnimmt. Der Albatros ist fähig, stunden-, ja sogar tagelang ununterbrochen zu fliegen. Um seine Schwingen auszubreiten, benötigt er keine Muskelkraft, denn Knochenriegel stützen seine Flügel.
- In den meisten Brutkolonien gibt es richtige Startbahnen (eine freie Strecke zwischen den Nestern). Dorthin begibt sich der Albatros, wenn er losfliegen will. Allerdings muss er warten, bis ihm zumindest eine leichte Brise entgegenweht, nur dann hebt er nach kurzem Anlauf vom Boden ab.
- Die meisten Albatrosarten leben auf der Südhalbkugel der Erde.

Größe: 1,10–1,35 m
Gewicht: 6–11 kg
Flügelspannweite: 2,50–3,50 m
Flugtempo: 40–80 km/h

Seit acht Jahren ziehe ich nun allein über den Ozean. Ich erinnere mich noch genau an die kleine, einsame Insel mitten in dieser stürmischen See, auf der ich geboren wurde. Dort wächst kein einziger Baum. Nur biegsame, niedrige Gräser, die der Sturm nicht so leicht brechen kann, haben eine Chance zu wachsen. Dort liegt die Heimat von uns Albatrossen! Meine Eltern zogen mich auf dieser Insel neun Monate lang groß, bis zu dem Tag, an dem meine Flügel mich schließlich auf das weite Meer hinaustrugen. Was war das für ein Gefühl, als ich zum ersten Mal im Wind segelte! Nun hatten meine großen Flügel, die am Boden so oft störten, endlich einen Sinn! Und ich musste nicht mehr allein in meinem Nest sitzen und voller Hunger manchmal sogar tagelang auf die Rückkehr meiner Eltern warten, bis ich wieder eine Ration Fisch oder Tintenfisch erhielt!

Acht lange Jahre sind vergangen, seit ich meinen Geburtsort verlassen habe. Tausende von Kilometern habe ich mit der Hilfe meines Freundes, des Windes, zurückgelegt, habe die Flügel gespannt, ohne zu ermüden. Manchmal fliege ich ganz dicht über den Wellen dahin, streife sie fast mit meinen Flügeln, manchmal segle ich ganz hoch gegen den Wind. Doch nun fühle ich, dass meine Lehrzeit vorbei ist. Inzwischen weiß ich, wie und wo ich das beste Futter finde, erkenne schon von weitem die Fischkutter, auf denen es von Fischen nur so wimmelt, habe gelernt aufzupassen, dass ich mich nicht in den abgetriebenen Netzen der Fischer verfange, die für mich zur tödlichen Falle werden könnten.

Jetzt kehre ich auf meine Insel zurück und gründe eine eigene Familie. Zuerst suche ich mir aber eine Gefährtin, mit der ich den Rest meines Lebens verbringen werde. Um meiner zukünftigen Frau den Hof zu machen, beeindrucke ich sie mit ausgebreiteten Flügeln und kreuze meinen Schnabel laut klappernd mit dem ihren.«

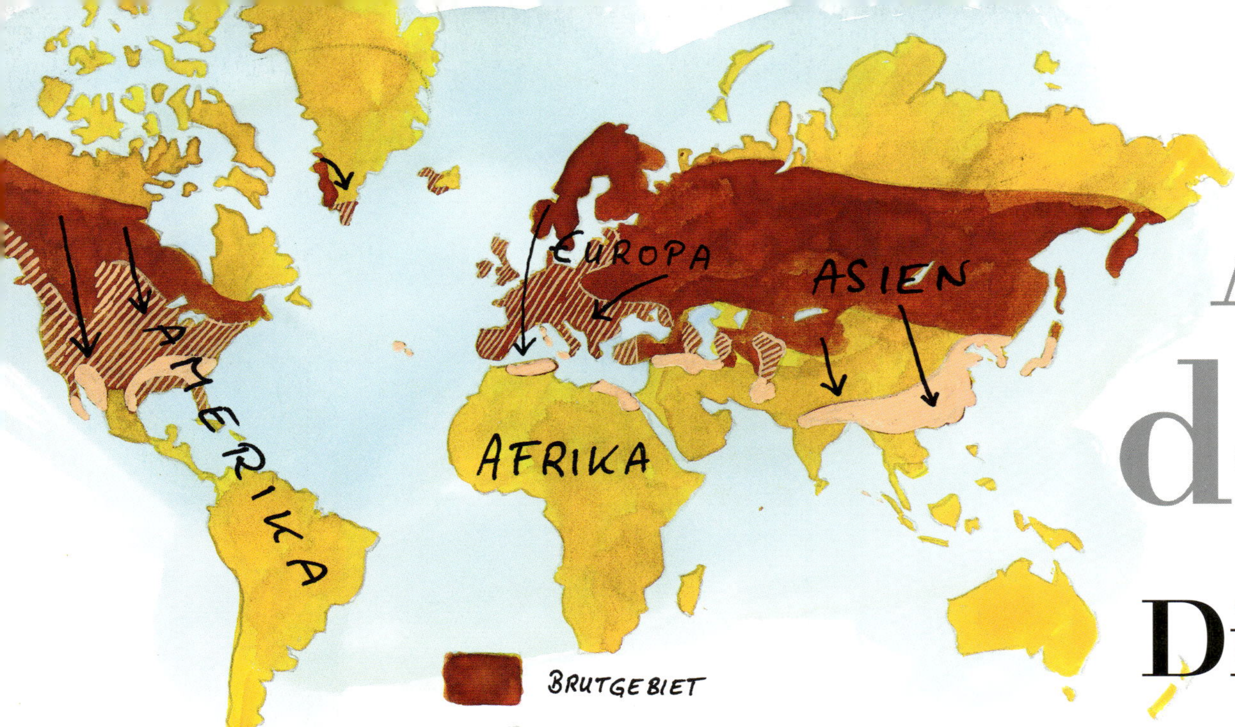

Akrobat der Lüfte

Die Stockente

BRUTGEBIET
WINTERQUARTIER
GANZJÄHRIGES VORKOMMEN

Größe: 50–65 cm
Gewicht: 0,75–1,5 kg
Flügelspannweite: 80–100 cm
Flugtempo: 60–100 km/h

- Die Stockente ist eine der größten europäischen Enten und die am weitesten verbreitete Art. Das Männchen mit seinem flaschengrünen Kopf und der rotbraunen Brust ist leicht zu erkennen. Ein weißer Kragen trennt grüne und rotbraune Gefiederpartien voneinander. Dieser Vogel fliegt in der Regel zielstrebig und schnell, manchmal jedoch vollführt er richtige Kunststücke.
- Die Stockente zählt zu den Gründelenten, da sie bei der Nahrungssuche nicht richtig taucht, sondern nur den Kopf unter Wasser steckt, um nach Pflanzen zu suchen. An flachen Stellen wühlt sie mit dem Schnabel im Schlamm, um kleine Wassertiere zu fangen. Außerdem frisst sie gerne Gras.
- Das Weibchen brütet zwischen 9 und 13 Eier aus. Wenn die Küken schlüpfen, sind sie mit braunem Flaum bedeckt, haben die Augen bereits offen und sind sogleich bereit, ihrer Mutter an Land und im Wasser zu folgen. Ihre Nahrung suchen sie selbst. Im Alter von zwei Monaten lernen sie fliegen.

Vor langer, langer Zeit siedelten Mönche in einer dicht bewaldeten Gegend und legten einen Stausee an, in dem sich das Wasser eines Baches sammelte. Der kleine See lieferte den Eremiten Wasser, Fisch für die Fastenzeit und die notwendige Wasserkraft, um ein großes Mühlrad anzutreiben. Durch den Fleiß der Mönche wurde es in dem Tal, in dem bis dahin nur dunkler Wald gestanden hatte, immer lichter. Schließlich siedelten sich neue Pflanzen an und neue Tierarten bevölkerten die saftigen Weiden, die dornigen Hecken und das fischreiche Gewässer. Einige Jahrhunderte später war der See zu einem Königreich für Vögel geworden.

Eines Morgens, als die Frühlingssonne den See mit ihrem noch blassen Licht berührte, als die Frösche und Vögel ihr Morgenlied im Chor sangen, spazierte ein kleiner Junge zum Wasser hinab. Er war aus der Stadt gekommen und staunte im kühlen Schatten der Bäume über die Stimmenvielfalt am Ufer. Er entdeckte mehrere Stockenten, die dort am See zu Hause waren, und beschloss, sie in den nächsten Wochen zu beobachten. Da er jeden Tag zum See hinunterwanderte, gewöhnten sich die scheuen Vögel so sehr an ihn, dass sie sich bald von seiner Anwesenheit nicht mehr stören ließen.

Immer wieder bewunderte der Junge das schillernde Gefieder der Tiere und war wie hypnotisiert von den zarten Wellen, die im Kielwasser der Enten entstanden, wenn sie am Abend über das spiegelglatte Wasser glitten. Sobald die Vögel über ihn hinwegflogen, ließ ihn das Rauschen ihrer Schwingen erschauern.

Schließlich vermählten sich die Entenpaare und bald schlüpften die Küken. Ihr Lieblingsspiel war es, bis zum Grund des Teiches zu tauchen, nur um sofort wieder an die Oberfläche zu schnellen wie ein Korken. Eines Morgens machten die jungen Enten ihre ersten Flugversuche. Der kleine Junge war dabei mindestens so aufgeregt wie sie

selbst. Unbewusst hob er seine Schultern, sobald die Kleinen losfliegen wollten, als ob er sie ermutigen und unterstützen wollte. Jeden Tag konnte er sehen, welche Fortschritte die Enten beim Fliegen machten, und schließlich durfte er ihren akrobatischen Flug bewundern. Eines Tages, als gerade eine Gruppe junger Stockenten eine große Schleife über dem Tal zog, schoss ganz plötzlich ein schwarzer Punkt aus dem Nichts mit unglaublicher Geschwindigkeit auf die Vögel zu. Es war ein Wanderfalke, ein enorm schneller Vogel, der seine Opfer nur selten verfehlt. Doch der Überlebenstrieb seiner Beute war mindestens genauso stark wie der des Jägers. Das Zischen in der Luft, als die sichelförmigen Flügel des Greifvogels sie zerschnitt, war kaum wahrnehmbar, doch die Enten stoben sofort auseinander: Jede flog in eine andere Richtung oder ließ sich spiralförmig zu Boden trudeln. Der Wanderfalke wurde dadurch so irritiert, dass er sein Ziel knapp verfehlte. Er gewann jedoch rasch wieder an Höhe, um seinen Angriff erneut zu starten, aber die Enten waren längst verschwunden. Die Attacke hatte nicht länger als einige Sekunden gedauert, trotzdem war der Junge starr vor Schreck und hielt vor Aufregung den Atem an, fast so, als wäre er selbst zum Ziel dieses eleganten Greifvogels geworden.

Der Junge beobachtete die Enten den ganzen Sommer hindurch, lernte, wie sie leben und wie sie es verstehen, Gefahren zu meistern. Schließlich kam der Herbst, ein kalter Wind fegte die Blätter von den Trauerweiden und peitschte das Schilf. Die Enten machten sich auf zu einer langen Reise voller Abenteuer und flogen davon in den Süden. Der Junge kehrte in die Stadt zurück. Dort besuchte er die Stockenten im Park und bemerkte bald einen großen Unterschied. Sie glichen ihren Vettern vom Lande zwar wie ein Ei dem anderen, doch sie waren sehr zutraulich und pickten ihm sogar das Brot aus der Hand! Die Stadtenten waren so dick, dass sie gar nicht mehr fliegen konnten, denn es fehlte ihnen die Kraft dazu. Manchen von ihnen hatten die Menschen sogar die Flügel gestutzt, damit sie den Teich nicht mehr verlassen konnten. Nun hatten sie weder die Möglichkeit, jemals den im Schilf versteckten Stausee zu entdecken, noch durften sie die aufregende Zeit der Reise in den Süden erleben. Zum Glück hatten sie vieles von dem, was sie früher konnten, mittlerweile vergessen.

Der Junge kannte die Freiheit der wild lebenden Enten, seit er sie auf dem Stausee der Mönche beobachtet hatte. Jetzt sah er die dicken Enten, die in den schmutzigen Teichen der Stadtparks schwammen und zum Vergnügen der Kinder um Brot bettelten, mit anderen Augen.

Meister-fischer

Der Rosapelikan

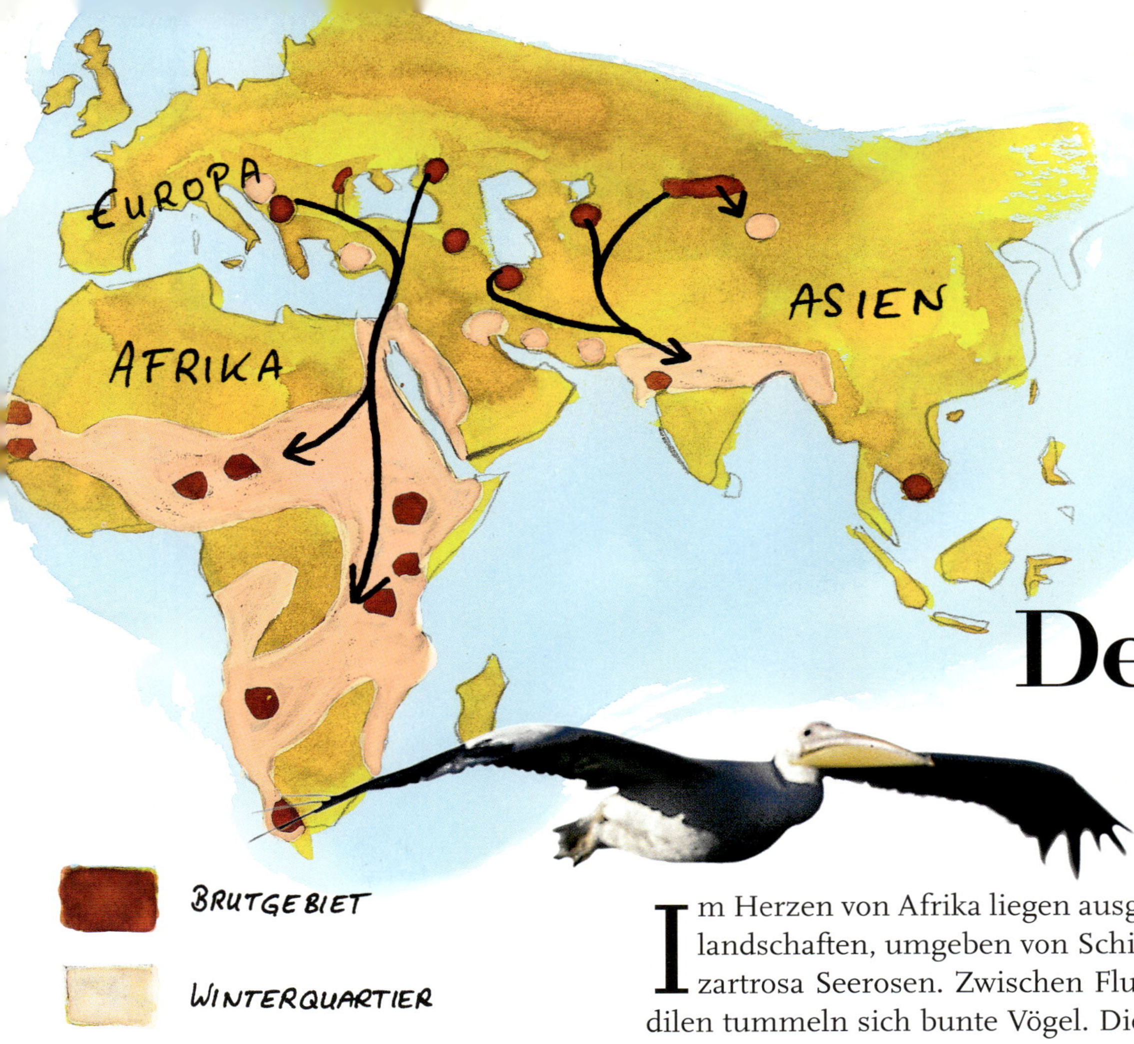

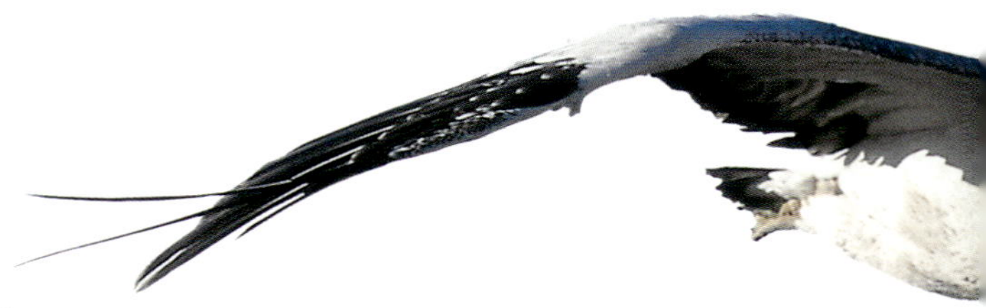

Im Herzen von Afrika liegen ausgedehnte Sumpflandschaften, umgeben von Schilf und bedeckt von zartrosa Seerosen. Zwischen Flusspferden und Krokodilen tummeln sich bunte Vögel. Dies ist der Ort, an dem die Pelikane seit Tausenden von Jahren den Menschen die schwierige Kunst des Fischens zeigen.
Das Ritual ist immer das gleiche: Frühmorgens, wenn der Nebel sich langsam auflöst und die Sonne schon wärmende Strahlen vom Himmel herabschickt, verstecken sich kleine Jungen im Schilf. Gleichgültig sehen die am Ufer dösenden Störche zu. Die langhalsigen Reiher starren schlaftrunken ins spiegelglatte Wasser, das nur vom Kielwasser einer vorbeischwimmenden Ente leicht gekräuselt wird.
Auf einmal erscheinen am Horizont Pelikane. Sie haben am Himmel eine perfekte V-Formation gebildet. Niemand weiß, woher sie kommen, noch wann sie sich an den Sümpfen niederlassen werden. Diese riesigen Vögel mit den scharzen Flügelrändern, bestimmt fünfzig an der Zahl, fliegen hintereinander über die Palmen hinweg. Kein Geräusch ist zu hören, keine ihrer Federn scheint sich zu bewegen. Sie ziehen eine letzte Schleife, bevor sie mit vorgestreckten Füßen im aufspritzenden Wasser des Sumpfes landen.

Die Pelikane kommen, um zu fischen. Sie ahnen nichts von den kleinen Spionen, die sich im Schilf verbergen. Fischreiher, Silberreiher, Störche, Enten, Kormorane: Alle Vögel des Sumpfes machen nun Platz für die Pelikane. Kaum sind sie gelandet, lockern sie ihren vom Flug steifen Körper und erfrischen sich, wie nach einer langen Reise. Sie strecken die große Hauttasche, die unter ihrem Schnabel hängt, indem sie den Kopf in alle Richtungen biegen. Nach dieser kleinen Pause schwimmen sie in einer langen Reihe auf das gegenüberliegende Ufer des Teiches zu, wobei sie mit ihren Schnäbeln und Flügeln auf das Wasser schlagen. Nach und nach formieren sie sich dabei zu einem Halbkreis.

Auf diese Weise treiben sie Hunderte von Fischen zusammen, die auf der Flucht vor den Vögeln in eine Sackgasse schwimmen: in Richtung Ufer, dorthin, wo das Wasser sehr flach ist. Die Pelikane schließen ihren Kreis immer weiter, bis die Fische schließlich in ihrer Mitte gefangen sind. Dann plötzlich, als ob einer von ihnen das Signal gegeben hätte, tauchen sie alle gleichzeitig ihren Schnabel wie einen Kescher in das von Fischen wimmelnde Wasser. Einige nehmen ihre Beine und Flügel zu Hilfe, um tiefer ins Wasser zu gelangen; andere wiederum tauchen ganz unter. Die Fische springen in die Luft, um den gefräßigen Schnäbeln zu entkommen. Das Wasser brodelt und spritzt. Die Pelikane kreischen aufgeregt, versuchen sich gegenseitig die besten Fische streitig zu machen und kämpfen manchmal sogar miteinander.

Das Chaos ist groß. Jeder versucht, den größten Fisch zu ergattern.

Schließlich schwimmt ein Pelikan nach dem anderen zufrieden davon, die Schnabeltasche gut gefüllt. Einige haben sogar einen Wels gefangen, der so groß ist, dass er ihre Tasche völlig verformt und mit seinen gefährlichen Bruststacheln aufreißt.

Die Pelikane haben ihre Beute vertilgt. Gesättigt tauchen sie ihre großen Schnäbel noch ein letztes Mal in das warme Nass und nehmen schließlich im seichten Wasser Anlauf, um sich schwerfällig in die Lüfte zu erheben. Nach einigen langsamen und kräftigen Flügelschlägen finden sie endlich eine warme Luftschicht, auf der sie nun ohne Anstrengung dahinsegeln können.

Die Pelikane verschwinden so, wie sie gekommen sind, mit einem leisen Flügelrauschen als weiße Punkte am blauen Horizont.

Tiefe Stille legt sich wieder über die Sümpfe. Die unzähligen bunten Vögel kehren zurück und die kleinen Jungen gehen langsam heim in ihr Dorf. Sie können es kaum erwarten, endlich selbst solche Meisterfischer zu werden.

Größe: 1,40–1,75 m
Gewicht: 9–15 kg
Flügelspannweite: 2,40–3,60 m
Flugtempo: 30–50 km/h

- Der Rosapelikan zählt zu den größten und schwersten flugfähigen Vögeln.
- Pelikane sind sehr gesellig. Sie fliegen, fischen und nisten immer gemeinsam.
- Da sie sehr scheu sind, suchen sie sich zum Nestbau abgelegene Plätze, die für Feinde schwer erreichbar sind. Oft nisten sie auf Sandbänken in Seen oder Flüssen. Das Weibchen legt 1 bis 2 Eier, die dann beide Elternteile abwechselnd bebrüten. Die Küken schlüpfen nackt und rosafarben, ihre Haut wird aber sehr schnell schwarz. Nach 15 Tagen haben sie bereits einen braunen Flaum. Nach weiteren 10 bis 15 Tagen verlassen sie ihr Nest, um sich mit anderen Küken zu einer Gruppe von bis zu 100 Tieren zusammenzuschließen.
- Im Alter von 65 bis 70 Tagen können sie fliegen und sind nun völlig selbstständig. Geschlechtsreif werden sie allerdings erst mit 3 bis 4 Jahren.

Der Dolch des Himmels

Der Basstölpel

Hoch oben im Norden Schottlands liegt eine einsame Insel im Meer, auf der nichts wächst. Sie ist nichts weiter als ein kahler Brocken Fels: die Insel Bass.

»Ich weiß eigentlich gar nicht genau, warum ich diese Entscheidung getroffen habe. Vielleicht war es der Blick meiner Eltern aus ihren blau umrandeten Augen, in denen sich die unendliche Weite des Ozeans widergespiegelte. Oder die frische Brise, die mein neues Federkleid zauste und mein Gesicht streichelte, als wollte sie mich zu dieser großen Reise einladen. Die Brise, die von den Felsen zu meinem Nest heraufwehte und mich schon ans Davonfliegen denken ließ, als ich noch ganz mit weichem Flaum bedeckt war ... Sie flüsterte mir so herrliche Geschichten ins Ohr.

Schließlich öffnete ich meine Flügel und der Wind trug mich wie eine Feder davon! Jetzt konnte mich nichts mehr halten! In diesem Augenblick verstand ich, dass ich mein Leben lang mit der Kraft des Windes verbunden bleiben würde. Diese unsichtbare Kraft, die aus dem Nichts zu kommen scheint und doch so deutlich zu spüren ist. Der Pakt war für immer besiegelt! Der Wind würde mich bei all meinen Flügen unterstützen und mich rechtzeitig vor aufziehenden Stürmen warnen.

So soll es denn sein, dass die Kraft des Windes mich weit nach Süden trägt, sobald die Kälte des herannahenden Winters meine Insel erreicht!

Ich fliege, ich schwebe – ich erhebe mich über die Kolonie meiner Artgenossen. Alles ist leicht dort oben, und mit der Luft zu spielen macht riesigen Spaß. Ein paar junge Kollegen von mir, die noch im Nest sitzen, schauen mir zu. Sie selbst zögern,

Größe: 90–95 cm
Gewicht: 2,3–3,6 kg
Flügelspannweite: 1,65–1,80 m
Tempo beim Sturzflug: bis 100 km/h

- Der Basstölpel ist, bis auf seine schwarzen Flügelspitzen, von reinem Weiß. Im Frühling, während der Paarungszeit, wird der Kopf dieses Vogels bräunlich gelb. Der Basstölpel ist mit seinen langen, schmalen Flügeln, ebenso wie der Albatros auf der südlichen Halbkugel, ein Segelflieger. Er segelt bis dicht über die Kämme der Wellen mit dem Wind, um dann mit einer plötzlichen Kehrtwende schnell wieder an Höhe zu gewinnen.
- Er hat eine Salzdrüse auf dem Schnabel, durch die er überschüssiges Salz ausscheidet, das er mit seiner Nahrung aufnimmt. Eine zweite Drüse am Auge scheidet Öl aus, das seine Hornhaut vor dem Meersalz schützt.
- Der Basstölpel kann Entfernungen sehr genau abschätzen, was seine Chancen erheblich erhöht, den Fisch auch zu fangen, den er von weit oben anvisiert. Zu seinem spektakulären Sturzflug setzt er aus 100 m Höhe an.

wagen es nicht, sich einfach in die Lüfte zu erheben. Doch auch sie zieht es immer stärker hinaus, und es wird nicht mehr lange dauern, bis sie fliegen können. Ihre Eltern ermuntern sie nicht zum Fliegen, weil sie noch nicht so weit sind. Wer beim Start von unserer Klippe ausrutscht, hat sich schnell auf einem Felsvorsprung die Knochen gebrochen oder wird vom tosenden Meer verschlungen.

Der Himmel strahlt blau. Meine Insel ist nur noch ein winziger Punkt im endlosen Ozean. Ich begleite die Erwachsenen, und zusammen halten wir Ausschau nach Fischschwärmen. Entdecken wir einen, starten wir unsere berühmten Tauchgänge. Für die Menschen dort unten, die keine Flügel haben, ist unser Sturzflug so unglaublich spektakulär und wohl auch witzig, dass sie uns ›Tölpel‹ nennen.

Heute mache ich meinen ersten Sturzflug aus Schwindel erregender Höhe. Jetzt kommt es nur darauf an, mein Opfer zu erwischen. Von oben gesehen windet sich der glänzende Fischschwarm wie ein Fluss durch das tiefblaue Meer. Wenn wir dieses Funkeln sehen, wissen wir, dass hier die richtige Stelle ist. Die Flügel dicht am Körper angelegt, verlassen wir den uns tragenden Luftstrom und schießen ins Meer hinab. Wie vom Himmel herabfallende Dolche durchstoßen wir mit unserem gestreckten Körper die Wasseroberfläche. Die Fische stieben nach allen Seiten auseinander, doch unsere Schnäbel sind bereits voll von den Leckerbissen.

Rasch tauchen wir wieder auf, wie Luftblasen, die aus der Tiefe heraufblubbern. Kaum an der Oberfläche, haben wir den Fisch bereits verschlungen. Wind, nun hast du uns wieder! Eine Brise genügt, und schon lassen wir uns mit weit geöffneten Flügeln zum Himmel tragen. Bald brechen wir zu unserer langen Reise in den Süden auf. Ich kann es kaum erwarten, so neugierig bin ich, ob die Geschichten wahr sind, die der Wind mir von fernen Ländern erzählt hat.«

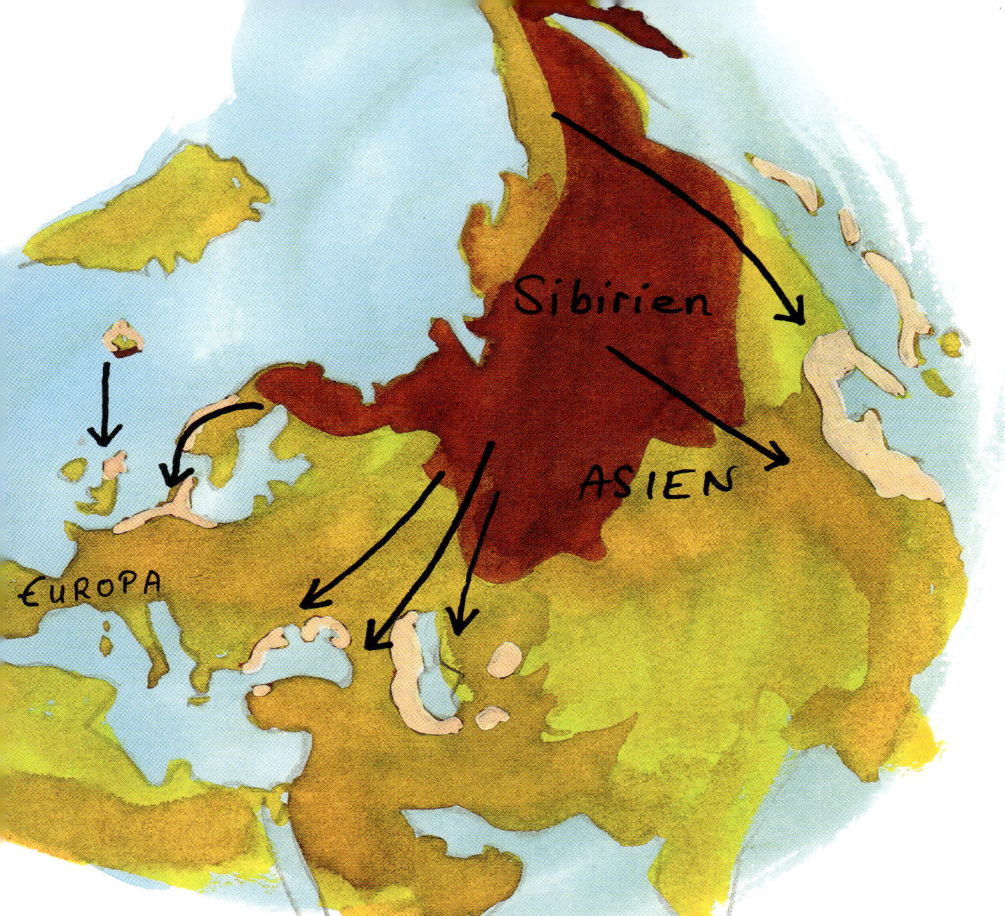

Schnee-vogel

Der Singschwan

Im Land der aufgehenden Sonne erzählt man sich von einem weißen Vogel, der in seinem Gefieder die Schneeflocken aus Sibirien mit sich trägt. Die Japaner nennen ihn »Schneevogel«. Sehen die Bauern diese weißen Tiere in Gruppen am Himmel fliegen, spüren sie eine Brise kühler Luft, die sie erschauern lässt. Sie wissen, dass die Natur sich anschickt, die Jahreszeit zu wechseln. Bald wird der Winter alles mit Eiskristallen überziehen und die so vertraute Landschaft mit Schnee bedecken – Schnee, den die weißen Vögel vom Himmel rieseln lassen.

Die Tage werden kürzer, die Pflanzen hören auf zu wachsen und aus den Schornsteinen der Häuser steigt Rauch auf. Die Natur wird immer karger, der Winter hält Einzug. Die Schneevögel sind zurückgekehrt! Sie verleihen der japanischen Landschaft eine noch größere Schönheit und geben der Natur zurück, was der regnerische, graue Herbst ihr genommen hat: das leuchtende, kristallklare Licht eines sonnigen Wintertages.

Das Schneegestöber hat aufgehört. Das goldene Licht der ersten Sonnenstrahlen durchdringt den aufsteigenden Rauch eines Vulkans. Die Landschaft wirkt ruhig und unberührt, die dicke Schneedecke dämpft alle Geräusche. Bäume, Äste und Zweige sind mit feinem Raureif überzogen und glitzern in der aufgehenden Sonne.

Die heißen Quellen bilden Löcher im Eis. Wir befinden uns am heiligen See, an dem die Schwäne am Abend landen und im Wasserdampf der heißen Quellen verschwinden. Es heißt, sie würden sich nachts in Schnee verwandeln und am nächsten Morgen wiedergeboren werden – mit einem neuen leuchtenden Gefieder. Der Winter schmückt sie jeden Tag aufs Neue mit seiner reinsten, schönsten Farbe.

Auf dem zugefrorenen See liegen kleine Schneehaufen. Im Morgengrauen, wenn sich der dichte Nebel über dem See zu lichten beginnt, hört man gedämpfte Schreie aus diesen Haufen dringen. Plötzlich taucht ein Kopf mit langem Hals aus einem solchen Haufen auf.

Größe: 1,50–1,55 m
Gewicht: 7,5–13 kg
Flügelspannweite: 2,15–2,45 m
Flugtempo: 60–80 km/h

- Mit über 25 000 Federn hat der Singschwan von allen Vögeln das dichteste Gefieder. Zudem ist er einer der schwersten Vögel, obgleich er sehr elegant vom Wasser und vom Land aus startet. Dabei läuft er immer zunächst eine beachtliche Strecke gegen den Wind.
- Einige Piloten haben schon Singschwäne beobachtet, die während ihres Zuges mit den Luftströmungen in sehr großen Höhen flogen und dabei rund 10 000 m Höhe erreichten.
- Singschwäne mausern während der Brutperiode. Dabei verlieren sie all ihre Schwungfedern und können 5 bis 6 Wochen lang nicht fliegen. Bis zu der Zeit, wo sie ihren Zug beginnen, sind die Federn aber nachgewachsen.
- Der Ursprung der Legende vom »Schwanengesang« liegt darin begründet, dass der Schwan, wenn er schreit, zum Schluss einen kurzen röchelnden Laut von sich gibt, der an den letzten Atemzug eines Sterbenden erinnert.

Der Schrei ertönt aufs Neue, diesmal ist er deutlicher. Der Schneehaufen entpuppt sich als Schwan, der gerade erwacht! Einer nach dem anderen werden die kleinen Schneehügel lebendig, so, als würden sie nach und nach schlüpfen. Ihr Schneekokon bricht auf, lange weiße Hälse recken sich empor, schaukeln hin und her, biegen sich in alle Richtungen. Schließlich zeichnen sich zwei schwarze Augen und ein gelber Schnabel ab. Die Schneevögel werden lebendig! Zwei schwarze Füße tauchen unter dem massigen Körper auf. Die Tiere schütteln den Schnee von ihrem Rücken und geben sich mit Genuss ihrer Morgentoilette hin, indem sie sich sorgfältig das Gefieder glätten. Die ersten Flügelschläge sind zu vernehmen. Schließlich versammeln sich alle um einen nicht zugefrorenen Tümpel und angeln mit ihren langen Hälsen nach Wasserpflanzen. Einige beginnen mit ihren Flügeln auf den Boden zu trommeln, als ob sie ihre Freude über den strahlenden Wintertag zum Ausdruck bringen wollten, und dabei stimmen alle ein vielstimmiges Trompetenkonzert an. Ein wahrer Eistanz beginnt und das Echo dieses Spektakels schallt bis weit in die umliegenden Täler.

Wenn die Schwäne schließlich wieder in Richtung Sibirien davonfliegen, nehmen sie auch den Winter mit. Dann ist die Zeit der Schneeschmelze gekommen, das Eis auf dem See bricht und schmilzt schließlich ganz. Die Bäume und Pflanzen beginnen wieder zu wachsen und im Land der aufgehenden Sonne schließt sich wieder einmal ein Kapitel im Zyklus der Jahreszeiten: der Frühling naht.

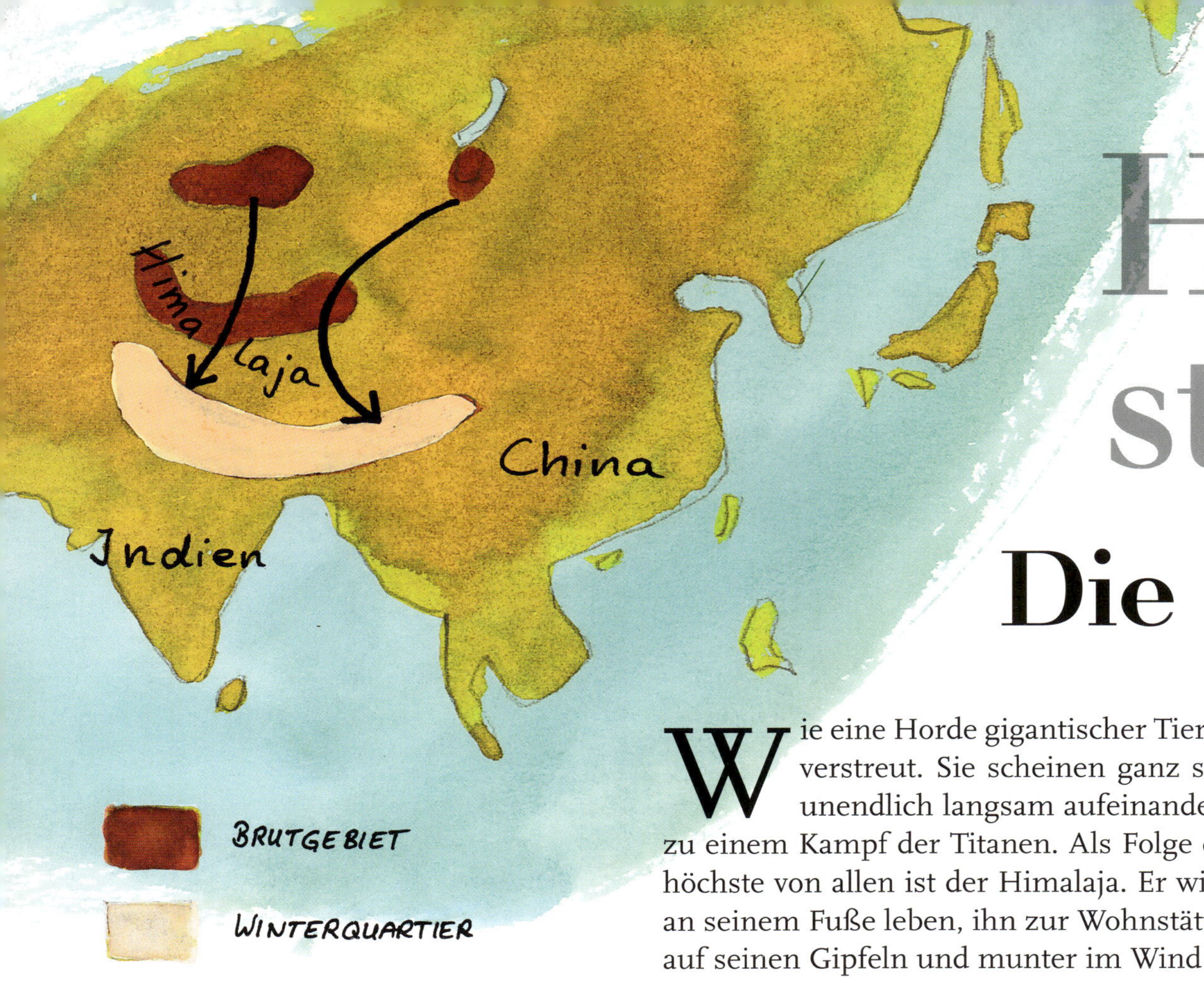

Himmels-stürmer

Die Streifengans

Wie eine Horde gigantischer Tiere liegen die Kontinente auf unserem Globus verstreut. Sie scheinen ganz starr, doch bewegen sie sich in Wirklichkeit unendlich langsam aufeinander zu. Sie prallen aneinander und es kommt zu einem Kampf der Titanen. Als Folge davon türmen sich riesige Gebirge auf. Das höchste von allen ist der Himalaja. Er wirkt so majestätisch, dass die Menschen, die an seinem Fuße leben, ihn zur Wohnstätte der Götter erklärt haben. Mit Steinhügeln auf seinen Gipfeln und munter im Wind flatternden Fahnen ehren sie ihre Heiligen, deren Zorn sie fürchten. Und sie bewundern die Schönheit der Berge.

Die Gipfel des Himalaja sind so steil, dass sie wie Dolche in den Himmel ragen. Seit einiger Zeit versuchen immer mehr Menschen, sie zu bezwingen. Ein Mann ist heute Nacht allein aufgebrochen, um einen Gipfel zu erklimmen. Der Himmel ist dunkel und von Sternen übersät, der Mond strahlt in sanftem, bleichem Licht. Der Rucksack ist schwer, der Aufstieg lang und beschwerlich. Je näher die Morgendämmerung rückt, desto langsamer werden die Schritte des Bergsteigers. Sein Atem geht schwer. Die Luft hier oben ist viel dünner als unten im Tal, denn sie enthält viel weniger Sauerstoff. Mit Getöse geht eine Lawine in einem entfernten Tal nieder und durchbricht die bedrückende Stille. Noch lange hallt das Echo von den steilen Felswänden. Der Bergsteiger hat schon vor einiger Zeit die Welt der Menschen verlassen. Um ihn herum gibt es nur noch Felsen und Gletscher. Jeder Schritt erfordert übermenschliche Kraft. Er führt einen erbitterten Kampf gegen die Felsen, den Schnee und die Kälte, gegen die Dämonen in seinem Inneren, die ihn mit Zweifeln quälen. Hätte er lieber im Tal bleiben sollen? Die Stille, die Leere, die Einsamkeit, die Unsinnigkeit der Situation schnüren ihm die Kehle zu: Luft! Er braucht einfach nur Luft!

Plötzlich hört er ein sanftes Rufen, wie eine leise himmlische Musik. Wo kommt das nur her? Es gibt doch nichts um ihn herum als rauen Granit und die unendliche Weite des Himmels. Sollte er versehentlich in das Reich der Göttern geraten sein? Ist das bereits der Gesang der Engel, die ihn im Jenseits empfangen?

Doch da – auf einmal gleiten im Licht der aufgehenden Sonne dunkle Schatten über seinen Kopf hinweg. Es sind Streifengänse, die nach Norden in die endlosen Steppen

- Die Streifengänse sind mittelgroß und verdanken ihren Namen den beiden dunklen Streifen in ihrem sonst weißen Nacken. Sie sind gute Schwimmer und sehr gesellig. Auch wenn sie untereinander ein außergewöhnlich entwickeltes Sozialverhalten aufweisen, so ist ihr Stimmrepertoire doch wesentlich begrenzter als bei den anderen Gänsearten.
- Den Sommer verbringen die Gänse auf den Hochebenen Zentralasiens, wo sie in großen Kolonien auf Inseln in Seen, Flüssen oder Sümpfen nisten. Im Winter halten sie sich auf den Feldern sowie an den Flüssen und Seen der nordindischen Ebenen oder im Südwesten Chinas auf, wo man sie in dichten Reihen beim Fressen antrifft. Die Streifengänse sind sehr scheue Vögel, an die man nur schwer herankommt. Wenn die Tiere einen möglichen Feind einschüchtern wollen, bewegen sie auf graziöse Weise ihren Kopf und ihren Hals und breiten gleichzeitig ihre Flügel aus.

Größe: 70–75 cm
Gewicht: 2–3 kg
Spannweite: 1,40–1,60 m
Flugtempo: 60 km/h

der Mongolei fliegen. Ihre Schreie sind kurz und abgehackt, ihre Flügelschläge kräftig und bestimmt. Sie haben die indischen Sümpfe verlassen, um die höchsten Gipfel des Himalaja zu überfliegen – gerade so, als wollten sie einen kleinen Ausflug machen. Mit Leichtigkeit und ohne jedes Anzeichen von Erschöpfung fliegen sie Kilometer um Kilometer in einer Welt, in der die Luft so dünn ist, dass ein Mensch dort nicht länger als einige Sekunden überleben könnte. Auch die Kälte dort oben ist so groß, dass sogar Felsen manchmal bersten wie dünnes Glas.
Die Gänse fliegen und singen; ihre innere Uhr gibt ihnen vor, dass es Zeit für die Fortpflanzung ist. Schon haben sie die bizarren Mauern aus Fels und Eis hinter sich gelassen und gleiten hinunter in die riesigen Steppen Zentralasiens.
Nur wenige Menschen haben das große Glück, Streifengänse bei ihrem Spiel mit dem Wind und ihrem Sprung über die höchsten Gipfel der Erde zu beobachten. Mit ihren geschmeidigen Flügeln gelingt es ihnen schon seit Jahrtausenden, den Himalaja zu bezwingen – lange bevor der erste Mensch sich in solch ein Abenteuer wagte.
Die Gänse fliegen einfach und mühelos; sie wissen nichts von den Bergsteigern, die um ihr Überleben kämpfen, wenn sie in den steilen Felswänden hängen.
Die Tiere kommen aus einer anderen Welt – aus der Welt der Wolken und Sterne.

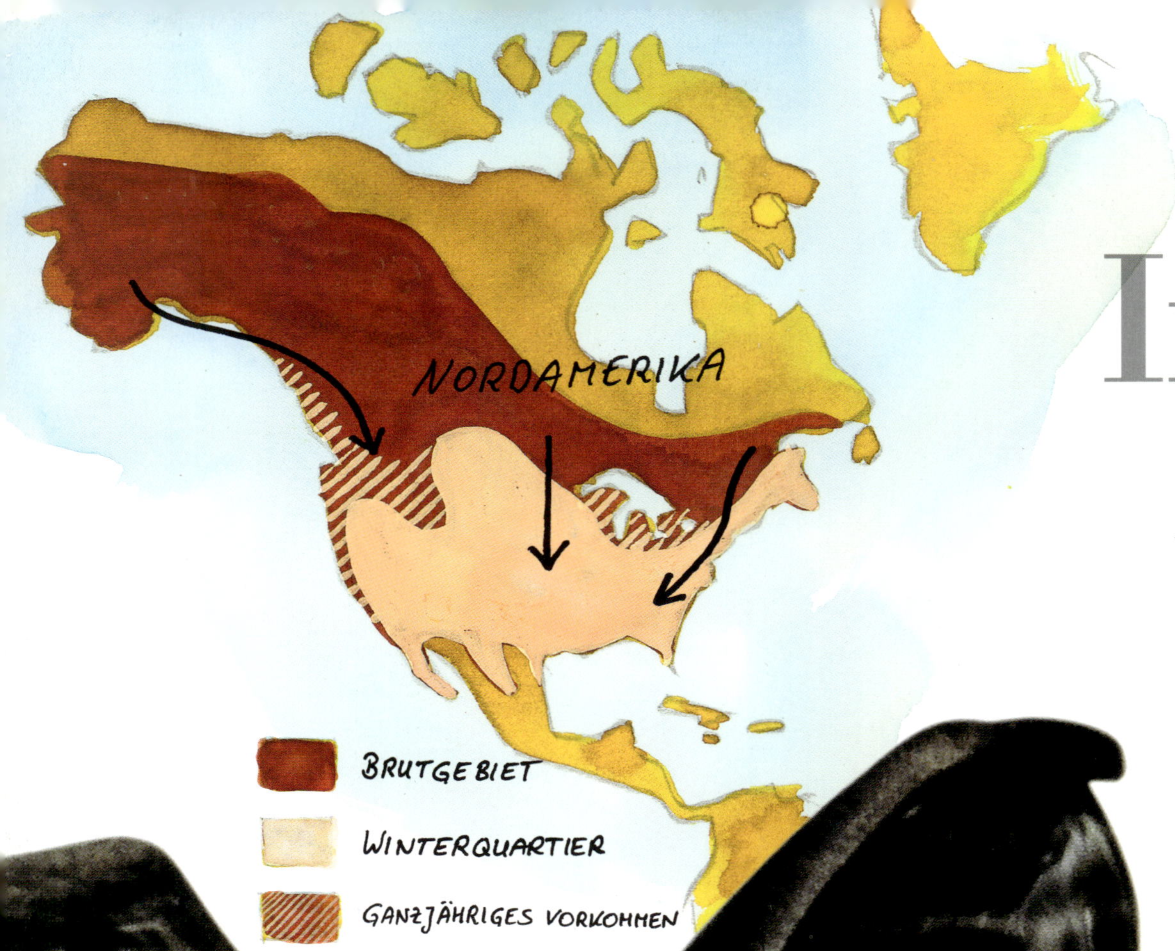

Indianer-Adler

Der Seeadler

In Alaska treffen die Berge und der Pazifische Ozean schon seit Jahrmillionen unmittelbar aufeinander. Die Wellen nagen an den Klippen, der Sturm tost unerbittlich, der Regen peitscht gegen Bäume und Felsen und der Schnee bedeckt das Land mit einer dichten weißen Schicht.
Nur manchmal kehrt für eine Weile Ruhe ein, so, als würden die verfeindeten Götter kurz Atem holen. Dann reißt die Wolkendecke auf, die Sonne kämpft sich durch und taucht das zerklüftete Bergmassiv in goldenes Licht. Nun hat man die seltene Gelegenheit, Furcht erregende Adlerköpfe zu entdecken. Sie ragen aus den Wäldern heraus, ihren Blick starr auf den Horizont gerichtet. Es sind Totems, die die Indianer bereits vor einigen Jahrhunderten zu Ehren ihres Gottes – des großen Adlers mit dem weißen Kopf – geschaffen haben.
Der Seeadler schwebt majestätisch am Himmel, lässt sich mit spielerischer Leichtigkeit von seinen langen, breiten Flügeln tragen und beobachtet mit scharfen Augen, was auf der Erde pas-

Größe: 70–95 cm
Gewicht: 3–6,3 kg
Flügelspannweite: 1,70–2,50 m
Flugtempo: 30–50 km/h

- Der Seeadler ist das Wahrzeichen der Vereinigten Staaten. Die Amerikaner nennen ihn »glatzköpfigen Adler«, wegen seines weißen Kopfes, der einen starken Kontrast zum Rest seines Gefieders bildet, das dunkelbraun ist.
- Das Weibchen ist größer als das Männchen. Die Paare bleiben ihr ganzes Leben zusammen. Jedes Frühjahr werben die Partner wieder neu umeinander und vollführen bei der Balz spektakuläre Kunststücke in der Luft.
- Ihre Nester bauen die Vögel in der Nähe einer großen Wasserfläche. Einige Nester sind bis zu 4 m hoch, 2,5 m breit und wiegen bis zu 2 t.
- Die beiden Küken sind, wenn sie schlüpfen, mit einem dunkelgrauen Flaum bedeckt, ihre Augen sind schon offen. Im Alter von 70 bis 92 Tagen lernen sie fliegen. Danach bleiben sie noch für 4 bis 5 Wochen in unmittelbarer Nähe des Nestes und lassen sich weiterhin von ihren Eltern füttern. Erst mit 4 bis 5 Jahren gründen sie eine eigene Familie. Kopf und Schwanzfedern werden erst weiß, wenn die Vögel 4 bis 6 Jahre alt sind.

siert. Wenn er mit dem Wind spielt, fliegt er manchmal so hoch, dass er sogar die Landschaft jenseits der hohen Berge sieht. Ihm entgeht nichts. Er weiß alles, denn Alaska ist sein Königreich.

Die Indianer haben ihre Totems an besonderen Orten aufgestellt: Hier versammelten sich von jeher jeden Herbst die Seeadler zu Tausenden. Es ist das Tal der heißen Quellen, wo der Fluss selbst bei größter Kälte nicht zufriert. Im Winter sind die Lachse im Fluss gefangen, nachdem sie Millionen von Eiern in den hellen Sand der Bäche gelegt haben.

Unbeweglich wie stumme Wachposten sitzen die Adler auf den Ästen der von Raureif glitzernden Bäume, das Gefieder aufgeplustert, um sich vor der schneidenden Kälte zu schützen. So warten sie auf die ersten Sonnenstrahlen, die die Luft ein bisschen erwärmen. Ihr Schnabel und ihre Füße sind leuchtend gelb, ihre Fänge scharf wie ein Rasiermesser.

Der Wasserdampf der heißen Quellen legt sich um die Totems. Im Fluss schwimmen Eisstücke. Die Lachse nähern sich Stück für Stück dem Ufer. Einige Braunbären kommen aus dem Wald und laufen über die glitschigen Kiesel, um sich an den in Ufernähe zappelnden Fischen satt zu fressen: Es ist ihr letztes Festmahl vor dem langen Winterschlaf. Ein Adler schwingt sich in die Lüfte. Er fliegt flach über das Wasser, sodass er es fast berührt, und streckt seine Fänge nach vorne. Plötzlich erfasst er den silbrig glänzenden Rücken eines Lachses, der, mag er auch noch so viel zappeln, von den Klauen durchbohrt wird. Seine tödliche Umklammerung wird der Seeadler nun nicht mehr lockern. Mit eleganten, weit ausholenden Flügelschlägen fliegt er mit seiner Beute zurück zu seinem Ansitz.

Der Himmel verdunkelt sich, schwarze Wolken ziehen auf. Bald wird der Kampf zwischen dem Ozean und den Bergen wieder beginnen. Die Indianer haben diesen Ort längst verlassen und ihr herbstliches Treffen mit dem Seeadler vergessen. Die Totems dagegen stehen immer noch da. Im Laufe der Jahre haben sie sich immer mehr zur Seite geneigt. Das harte Holz ist morsch geworden. Ihre Farbe blättert ab und ihr Blick ist gebrochen. Sie sind von Pilzen und Moos bedeckt. Schließlich gehen sie unter im grünen Meer des unendlichen Waldes.

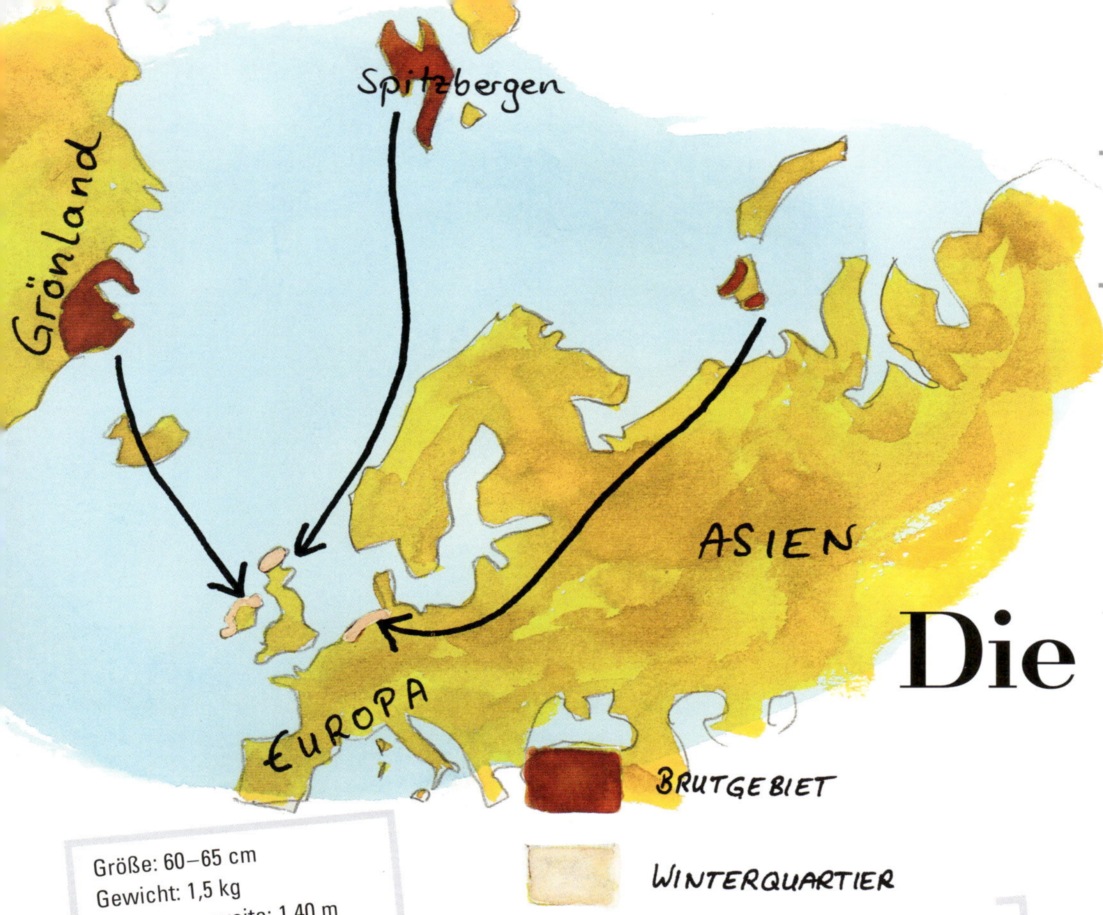

Klippen-springer

Die Weißwangengans

Größe: 60–65 cm
Gewicht: 1,5 kg
Flügelspannweite: 1,40 m
Flugtempo: 60–80 km/h

- Die Weißwangengans hat einen kleinen, runden Kopf mit einem relativ kurzen Schnabel; ihr weißer Kopf steht im Kontrast zu ihrem schwarzen Hals, dem Nacken und dem Hinterkopf. Außerhalb der Paarungszeit sind die Vögel sehr gesellig, doch gleichzeitig auch sehr streitlustig und laut.
- Um ihr Nest zu bauen, suchen sie sich einen Ort aus, der für ihre Feinde möglichst schwer zu erreichen ist, wie z.B. kleine, überhängende Felsen am Ufer eines Sees oder eines Flusses.
- Sie bilden kleine Kolonien von 5 bis 50 Paaren. Allein das Weibchen brütet die 4 Eier aus, das Männchen hält in der Nähe des Nestes Wache. Die Küken schlüpfen alle zur gleichen Zeit, und die ganze Familie verlässt nun das Nest, um in der Tundra zu weiden. Im Alter von 40 bis 45 Tagen lernen die jungen Gänse das Fliegen, doch auch den folgenden Herbst und den Winter über bleiben sie noch mit ihren Eltern zusammen.

Wie ein riesiges Schiff aus Stein und Eis wird Grönland von den eisigen Wassern des Nordatlantiks umspült. Die Nordostküste dieser wilden Insel bildet ein riesiges Labyrinth mit vielen Fjorden, Kanälen, Meeresarmen, Inseln, Felsvorsprüngen und Landspitzen. Außer einem unerschrockenen Forscher hat sich bisher noch niemand dorthin verirrt, und selbst die Inuit wagen sich nur ins Landesinnere, wenn sie mannigfaltige Vorsichtsmaßnahmen getroffen haben, denn sie haben große Furcht und hohen Respekt vor dieser unwirtlichen Gegend.

Endlich ist der Sommer gekommen. Die Sonne taucht die steil abfallenden Felsen und Eisberge in pastellfarbenes Regenbogenlicht. Ihre schräg einfallenden Strahlen werfen fantastische Schatten auf die hohen, zerklüfteten Felsreliefs. Der unerbittliche Schraubstock des Eises lockert sich langsam. Von Zeit zu Zeit zerspringt ein Eisberg oder er kippt um, sodass riesige Wasser- und Eiswellen entstehen und das Packeis wie Glas zerbricht. Es wird relativ warm: Schwärme von Mücken erheben sich aus einem Teppich von Gras und feuchtem Moos. Die Natur auf den Gletschern an der Küste und dem Meer erwacht zu neuem Leben, wenn auch nur für kurze Zeit. Der Himmel ist klar und wolkenlos.

Dennoch kommt es vor, dass sich dichter Nebel über das Packeis legt. Aus dem feuchten, kalten Grau dringt dann nur noch der Schrei der Weißwangengänse. Diese kleinen Vögel mit ihrer langen, schwarzen Kapuze sind hierher gekommen, um auf den unzugänglichen Felsvorsprüngen zu nisten. Ihr Gefieder hat fast die gleiche Farbe wie die nass glänzenden Felsen. Aus dem behaglichen Nest taucht eine ganze Schar frisch geschlüpfter Küken mit grauem, warmem Flaum auf, den schon die leichteste Brise zaust.

Sie schmiegen sich eng an ihre Mutter, während vom Fuße der Steilwand her die Schreie des Männchens ertönen. Die Rufe wiederholen sich – lauter, spitzer und nachdrücklicher. Andere Männchen ermutigen ebenfalls ihre Jungen. Sie sind ganz nah, aber im Nebel unsichtbar. Nach langem Zögern am Rande des Abgrunds stürzt sich schließlich eines der Küken in die Leere und schlägt verzweifelt mit seinen kleinen Flügeln, die es noch nicht so recht tragen wollen. Es landet schließlich etwas unsanft auf den mit Moos und Flechten bedeckten Felsen und ist nun zum Glück heil bei seinem Vater angekommen. Jetzt trauen sich auch die anderen, angefeuert durch das Triumphgeschrei des Kleinen, und schon bald scheint es Küken zu regnen, die überall von den Felsen springen. Im Schutz des dichten Nebels sind sie sicher vor den gefräßigen Möwen, die ständig über den Nestern kreisen, die kleinen Gänse aber wegen der schlechten Sicht nicht fassen können.

Ein kräftiger Wind bläst den Nebel davon und die Sonne taucht wieder auf. Die Eisberge treiben nun frei im Meer und werden hin- und hergeschoben. Ein paar Seehunde ruhen sich auf kleinen Packeisschollen aus. Ein Polarfuchs bellt traurig weiter hinten im Tal. Er ist auf der Suche nach einem Ei oder Küken als Futter für seine zahlreichen Jungen. Die Familien der Weißwangengänse haben sich entlang der Küste verteilt und erforschen die Buchten und Sandbänke. Die Jungen werden sehr schnell wachsen. Nach einigen Wochen sind sie so weit, dass sie ihren Eltern bis nach Europa folgen können, bevor die Sonne hinter dem Horizont verschwindet und die eisige Kälte das Wasser erneut gefrieren lässt. Grönland nimmt dann seinen Kampf gegen den Winter auf, weit entfernt von den Blicken der Menschen. Das Land verwandelt sich wieder in eine starre Welt aus Eis und Wind, die vom gespenstischen Tanz des blassen Nordlichts erfüllt wird.

Es gab einmal *Die Nomaden der Lüfte ...*

Dieser Tag gegen Ende des Winters ist ziemlich trostlos. In den Sümpfen und Ebenen Nordamerikas hat es den ganzen Tag geregnet. Erst gegen Abend kommt die Sonne unter einer dichten, grauen Wolkendecke hervor und lässt den Himmel in wunderschönen Rottönen erglühen, bevor er in der Nacht verschwindet.
Dort, zwischen Wolken und Horizont, auf diesem schmalen, glühend roten Himmelsband, zeichnen sich die eleganten Umrisse tausender Kanadakraniche ab, die nun langsamer werden und sich schließlich mit gespreizten Flügeln auf das flache Wasser hinabgleiten lassen. Dieser Augenblick ist bezaubernd, aber so kurz! Schon ist die Sonne hinter dem Horizont verschwunden, das himmlische Feuer erloschen. Die Kraniche haben sich niedergelassen und sind pünktlich zum jährlichen Treffen erschienen, das die Natur vereinbart hat.

MITTELMEERKÜSTE
KRANICHE

ERSTE VERSION
31. Januar 2000

EINIGE KRANICHE FLIEGEN
AUF DIE KÜSTE ZU.

AUFNAHMEN VON DER UMGEBUNG

DIE KRANICHE TAUCHEN IN
DER FERNE AUF UND
KOMMEN AUF UNS ZU.

DIE KRANICHE FLIEGEN ÜBER
UNSERE KÖPFE HINWEG.

GESAMTAUFNAHME

Ein regelmäßiges metallisches Surren im Schilf verstummt. Es war so leise, dass es die scheuen Kraniche nicht erschreckt hat. Verborgen in ihrem Versteck haben die Kameraleute diesen Moment gefilmt. Sie lächeln und sind zufrieden ... Ihre Geduld und Ausdauer haben sich schließlich, nach endlosen Tagen des Wartens, gelohnt. Genau in diesem Moment – keine Minute davor oder danach – wollten sie die Kraniche filmen, wenn sie unter der leuchtenden Abendsonne ihre eleganten Kreise in ruhigem Flug am Himmel ziehen, nach einem langen Tag der Reise quer durch Amerika. Dieses herrliche Bild zeigt die Schönheit unserer Erde.

NAHAUFNAHME VON DEN KRANICHEN

PANORAMAAUFNAHME MIT DEN KRANICHEN, DIE RICHTUNG HORIZONT DAVONFLIEGEN.

VOR DEM BAUERNHOF IN AUBRAC, 30 METER VON EINEM STEINHAUFEN ENTFERNT

DIE KRANICHE LANDEN.

NAHAUFNAHME: DIE KRANICHE DREHEN IHRE KÖPFE IN DIE KAMERA.

Zur gleichen Zeit befindet sich eine andere Gruppe von Tierfilmern auf einem Eiland westlich der Falklandinseln, dem Paradies der Albatrosse und Pinguine. Dort brauchen die Kameraleute kein Versteck mehr: Die Vögel haben keine Angst vor Menschen und sind sogar so neugierig, dass sie ihr Spiegelbild im Objektiv der Kamera betrachten! Die größte Schwierigkeit liegt nicht darin, sich den Vögeln zu nähern, sondern den heftigen Wind zu ertragen, der ständig über das südliche Meer hinwegfegt. Hier auf den Falklandinseln haben wir zum letzten Mal die Chance, einen einzelnen Albatros zu filmen, der dicht über den Wellen des wilden Ozeans schwebt. Wir haben es bereits auf dem Crozet-Archipel versucht, ebenso wie auf dem offenen Meer vor Neuseeland, allerdings vergeblich. Die Vögel waren im-

Strand von Saint Louis, Senegal

Nationalpark Bharatpur, Indien

Skrudur-Insel, Island

Crozet-Archipel, Indischer Ozean

mer zu weit weg oder zu zahlreich! Oder die Kamera war nicht stabil genug. Doch heute gelingt es dem Kamerateam auf den Falklandinseln endlich, versteckt hinter großen Felsen, den ruhigen, unerschütterlichen Flug eines Albatrosses im Sturm zu filmen – nach drei Wochen des Wartens!

Drei Jahre lang sind die Teams von Galatée Films auf der Suche nach Bildern und Tönen durch die Welt gezogen. Sie waren an Orten, an denen das Licht, die Stille, die Landschaft und das Wetter perfekt zusammenpassten, und es gelang ihnen, Bilder einzufangen, die diese vitale Kraft zum Ausdruck bringen, die Milliarden von Zugvögeln zu dem Abenteuer ihrer großen Reisen verleitet.
Ihr Ziel war es, den Zuschauer mit den Vögeln mitfliegen zu lassen, um somit unsere Erde aus einem neuen Blickwinkel – nämlich dem der Vögel – zu betrachten. So ist der Film *Nomaden der Lüfte* entstanden. Von Japan bis zur Antarktis, von Grönland bis in die afrikanischen Savannen, von der schwülen

Hitze im peruanischen Amazonasgebiet bis zu den Adirondacks – mehr als dreißig Länder haben die Filmteams bereist, auf der Jagd nach einem flüchtigen Schatz aus Licht, Schatten und seltsamen Tönen, auf dass jeder Zuschauer sich auf seine ganz eigene Art verzaubern lasse.